青贮玉米
高效生产关键技术

翟桂玉　著

山东科学技术出版社

·济南·

图书在版编目（CIP）数据

青贮玉米高效生产关键技术 / 翟桂玉著 . -- 济南：山东科学技术出版社，2020.8（2022.1 重印）
ISBN 978-7-5723-0653-2

Ⅰ . ①青… Ⅱ . ①翟… Ⅲ . ①青贮玉米 – 栽培技术 Ⅳ . ① S513

中国版本图书馆 CIP 数据核字（2020）第 154285 号

青贮玉米高效生产关键技术

QINGZHU YUMI GAOXIAO SHENGCHAN
GUANJIAN JISHU

责任编辑：周建辉
装帧设计：孙非羽

主管单位：山东出版传媒股份有限公司
出 版 者：山东科学技术出版社
　　　　　地址：济南市市中区舜耕路 517 号
　　　　　邮编：250003　电话：（0531）82098088
　　　　　网址：www.lkj.com.cn
　　　　　电子邮件：sdkj@sdcbcm.com
发 行 者：山东科学技术出版社
　　　　　地址：济南市市中区舜耕路 517 号
　　　　　邮编：250003　电话：（0531）82098067
印 刷 者：山东新华印务有限公司
　　　　　地址：济南市高新区世纪大道 2366 号
　　　　　邮编：250104　电话：（0538）6119360

规格：大 32 开（140 mm×203 mm）
印张：6.5　字数：115 千
版次：2020 年 8 月第 1 版　印次：2022 年 1 月第 2 次印刷
定价：24.00 元

著者简介

　　翟桂玉，农学博士，研究员，硕士研究生导师，山东省牧草创新团队饲草调制加工岗位专家。主要从事草业与畜牧业科技的研究与推广，曾赴美国俄勒冈州立大学做高级访问学者。主持完成国家、省部级攻关、创新和推广项目30余项，获全国农牧渔业丰收奖二等奖1项，山东省科技进步二等奖1项、三等奖3项，山东省农牧渔业丰收奖一等奖2项，培育通过省级审定饲料作物新品种6个，牵头制定畜牧与草业标准30多项，主编著作4部。现任山东省农业农村专家顾问团成员、山东省草品种审定委员会委员。

前 言
Preface

　　玉米是中国种植面积最大的粮食作物，总产量最高。但与主要用作口粮的小麦和大米不同，玉米的主要用途是饲料。畜牧业生产饲料化利用玉米的量占中国玉米总消费量的70%以上。

　　玉米饲料化利用主要有两种形式，一种是籽粒收获后作为能量饲料的精饲料化利用与秸秆粗饲料化利用相结合的形式，另一种是全株收获的青贮饲料化利用形式。前者对猪、禽等食粮型畜牧业发展具有重要的支撑作用，后者则对牛、羊等草食型畜牧业发展至关重要。

　　近年来，奶牛、肉牛和肉羊产业规模化、标准化生产水平不断提升，对青贮玉米的发展需求越来越迫切、越来越高涨。青贮玉米作为饲料应用于草食畜禽养殖，已成为提高生产性能和畜产品质量简单而又直接的方法之一。

发展青贮玉米可以加快种植业结构调整，由以"粮—经"二元种植结构为主向"粮—经—饲"三元种植结构调整；发展青贮玉米可以促进传统农业生产方式和结构的调整，使玉米由人的主粮品种调整为动物的主饲品种；发展青贮玉米可以推进人们营养膳食结构的调整，使人们的膳食结构由以谷物为主向肉、蛋、奶等畜禽产品调整，营养由能量为主向蛋白质调整。

本书立足于现代饲草料产业与未来农牧业发展的"三个层级"的契合。未来农牧业发展是转型升级、逐层递进的过程，一层是配套的农牧业机械装备体系，二层是完善的现代农牧业技术体系，三层是系统的农牧业管理体系。这三个层级融合匹配，再辅之以现代饲草料产业体系的支撑，是农牧业高质量发展的必然。

本书关注青贮玉米产业发展的"三个方向"。一是高产，这是青贮玉米产业发展的基础要求；二是高质，保证生产出优质的青贮玉米，在满足抗病、抗逆能力强和活秆成熟等多重要求的前提下，确保全株营养丰富，易被动物消化吸收；

三是高效，青贮玉米种植、收获、加工、饲喂全产业链实现节本增效，让种植者和养殖者均受益。

本书内容涵盖了青贮玉米产业发展的意义、生产模式、收获加工、质量评鉴和科学饲喂的各项技术，先进实用，可操作性强，适合畜牧技术人员、畜牧场、青贮玉米种植农场（大户）、饲草料加工厂和基层生产人员在生产实践中参考。

翟桂玉

2020年8月

目 录
Contents

青贮玉米的产业化发展

第一节　概述

一、青贮玉米的概念与分类

青贮玉米是指经选育，全株刈割用于生产制作青贮饲料的饲用型玉米品种，有别于生产籽粒和其他类型的玉米品种。

根据农艺特性、生产特性和饲喂利用方式，可以将目前培育、引进和区域试种表现良好的青贮玉米品种分为以下三大类：

（1）多穗和多蘖型青贮玉米：这一类青贮玉米由于分蘖多，提高了单位面积的茎秆和叶片产量。另外，每株具有多个果穗，可进一步提高群体生物产量、改进全株的质量。山东省引种效果比较突出的有多穗型鲁青贮1号青贮玉米和多分蘖型墨西哥玉米。

（2）单秆耐密植型青贮玉米：这一类青贮玉米的种植密度比粮用玉米提高1.4~1.7倍，亩鲜草产量可达粮用玉米的1.5~2.0倍。山东省选用的品种主要是英红玉米。

（3）粮饲兼用型青贮玉米：这一类青贮玉米籽粒产量高、青秆成熟后鲜茎叶产量较高，可粒、秆分离利用，收获籽粒后的秸秆用于制作青贮饲料，也可以直接全株制作青贮饲料。在山东省试种，中原单32号、农大108两个外省品种和鲁单40、鲁单50两个省内品种表现较好。

二、国外青贮玉米生产利用的经验

在许多畜牧业发达的国家，青贮玉米早已成为草食家畜的主要饲料，特别是奶牛饲养的常备饲料、肉牛育肥的强化饲料。在北美洲，美国每年青贮玉米播种面积达355万 hm^2，占全部玉米种植面积的12%以上；加拿大青贮玉米播种面积达190万 hm^2。在欧洲，青贮玉米种植也非常广泛，种植面积大约为400万 hm^2，达到玉米总种植面积的80%左右。法国常年青贮玉米种植面积144万 hm^2，占全国玉米播种总面积的80%以上；意大利青贮玉米面积发展到50万 hm^2，年制作青贮玉米饲料1 500万 t，占各种饲料总量的18%；荷兰用于种植青贮玉米的土地达17.7万 hm^2，占各类饲料总量的30%以上；匈牙利全

国每年制作青贮饲料700万t，其中85%以上是玉米青贮
饲料；在俄罗斯，青贮饲料的80%是由玉米加工而成的。
在亚洲，日本奶牛和肉牛饲养过去主要以青饲料为主，近
年来逐渐发展成为常年利用青贮饲料，玉米青贮饲料年
产量达630万t。印度人口大约是我国的3/4，粮食产量
不到我国的一半，但是人均动物性蛋白质摄取量却与我
国相差无几，这与印度采用的以作物秸秆为支撑的"草食
型"畜牧业结构密切相关。目前印度牛的饲养量是我国
的3倍，牛奶的产量是我国的12倍，而猪的饲养量只有
我国的1/35，鸡的饲养量只有我国的1/11。世界各国之
所以对发展青贮玉米非常重视，主要是因为青贮玉米产
量高，土地利用率高，可以保证饲料和养分周年稳定均衡
地供给，有利于畜禽产品增产。同时，青贮玉米生产机械
化程度高，易于集中调制，可大大降低饲料成本，显著提
高草食家畜养殖的经济效益。

三、青贮玉米种植是种植业观念的创新

长期以来，在我国农牧业生产中，"玉米为粮"的观
念根深蒂固，并由此产生了"人畜共粮，粮饲共用"的玉
米生产利用方式。这种方式在粮食供应短缺时代，对缓
解粮食不足起到了一定作用。但是随着经济的发展、社
会的进步和人们生活水平的提高，以耗粮为主来发展畜

牧业已不经济，主要是用生产粮食的标准来生产饲料用粮，不仅会造成作物籽粒中畜禽所需要的营养物质如维生素 A、维生素 C 以及蛋白质等的损失，而且使许多对畜禽具有活性的营养物质发生不可逆的变性而失去活性。同时，植株茎秆、叶等部分在果穗收获后常常被废弃或焚烧，既浪费了大量饲草资源，又污染了环境。转变玉米生产和利用方式，能提高玉米生产的效益，并延长产业链条。据试验，粮用玉米由收获籽粒转变为带穗全株青贮，畜禽可利用的营养物质增加50%以上；由种植粮用玉米改为种植青贮玉米，畜禽可利用的营养物质提高80%~100%。

青贮玉米栽培与粮用玉米等作物相似，而广大农民有种植粮用玉米的传统和经验，因此容易掌握青贮玉米种植和田间管理技术。青贮玉米种植与农民传统的种粮习惯相衔接，比单纯推广其他饲草作物更易被农民接受。

青贮玉米栽培可以应用粮用玉米栽培的机械，能机械化栽培，提高生产效率，降低种植者的劳动强度。不仅如此，随着农业、畜牧业结构的优化和调整，草食家畜快速发展，青贮玉米种植对于推进粮、饲、经三元结构的建立和完善，实现种养和农牧有机结合，实现饲草饲料"两高一优"，发挥了重要作用，也将为畜牧业生产结构由"粮食依赖型""过度耗粮型"向"节粮型""草食型"转变奠定坚实的饲草饲料基础。青贮玉米种植对实现畜牧业由数量型增长向优质高效转变、满足人们对畜产品多样性的要求、保持畜牧业持续健康发展等都具有重要意义。

第二节　山东省青贮玉米生产利用的优势

一、自然优势

山东位于我国最大的玉米集中产区——黄淮海玉米区，这一区域玉米播种面积约747万 hm^2，占全国玉米播种面积的32.7%，玉米总产量占全国的35.5%，单位面积产量5.3 t/hm^2。山东属暖温带半湿润季风气候区，年平均气温在4~11℃，年平均降雨量在550~950 mm之间，无霜期180~220天，日照时数2 300~2 900小时，10℃以上的积温一般为3 800~4 600℃，光热资源好，土壤中性偏碱，质地以壤土为主，肥力中等，十分有利于玉米生长。几十年的玉米生产实践证明，山东具有全面开展玉米生产的自然条件优势，且春播、夏播均可。春播玉米一般4月中下旬至5月上中旬播种，生长期130天左右，能够充分成熟，籽粒饱满，容重高，色泽好，品质好；夏播6月上旬开始播种，一般在小麦等前茬作物收获前套种或收获后抢播，9月底至10月上旬收获。

二、生产优势

青贮玉米具有较大的生产潜力和较高的饲用价值，具体表现为：

（1）单位面积生物学产量较高：青贮玉米鲜草产量，一般春播每亩可达到 5 000 ~ 8 000 kg，夏播每亩可达到 4 000 ~ 6 000 kg。青贮玉米的干物质含量较高，收获时可达 30% ~ 40%，每亩干物质产量可达 2 500 kg 以上。

（2）具有较高的营养价值：全株青贮玉米的粗蛋白质含量在 8% 以上，淀粉含量高于 25%，中性洗涤纤维含量低于 45%，酸性洗涤纤维含量低于 22%，木质素含量小于 3.0%，果穗中的营养物质含量显著高于秸秆和全株。因为果穗含有较多的营养物质，所以选用多果穗青贮玉米可以有效提高青贮玉米的质量和产量。

（3）适口性好、消化率高：青贮玉米收获时，一般茎秆鲜绿、清脆、多汁，具有良好的适口性，畜禽离体消化率在 78% 以上，细胞壁消化率 49% 以上。

（4）较高的农田生产当量和土地利用效率：青贮玉米不仅生物学产量较高，而且营养物质含量也高于粮用玉米。据测定，单位土地面积青贮玉米鲜草产量是粮用玉米的 1.5 ~ 2.0 倍，也就是说 1 hm^2 土地，种植青贮玉米所获得的饲草产量相当于 1.5 ~ 2.0 hm^2 粮用玉米的产草量。

从单位土地面积营养物质的产量看,在土地和耕作条件相似的情况下,每公顷青贮玉米比粮用玉米多生产可消化蛋白质53 kg。奶牛饲喂青贮玉米比饲喂粮用玉米收穗后制作的青贮料日产奶增加3.64 kg。

(5)青贮玉米具有植株高大、茎叶繁茂、抗倒伏、抗病虫和不早衰等特点,因此可以显著降低生产管理和投入品的成本,从而提高种植效益。

三、生态环保优势

青贮玉米种植可以将果穗和秸秆全部收获用于制作青贮饲料,因此不会像粮用玉米生产产生大量废弃秸秆,更不会出现田间焚烧秸秆造成资源浪费和环境污染以及影响交通等现象,这是从根本上解决大田焚烧秸秆问题的有效措施。

山东省人多地少,人口密度高,公路、铁路等道路多,交通网络密集,能源化工业密集,大气环境质量改善存在较大的压力,需要种植更高效的植物或作物来净化空气。青贮玉米的形态结构特殊,且是C_4作物,光合效率高,吸收固定二氧化碳的能力强。据测定,每亩青贮玉米一个生长季可固定二氧化碳数百千克,同时释放数百千克氧气,高于同面积的树木和其他作物,净化大气作用显著。

第三节　青贮玉米发展的推进措施

　　山东是农业大省，也是畜牧大省，草食畜禽发展很快，特别是已经成为奶牛饲养大省，目前全省奶牛存栏量近100万头，对青贮饲料的需求很大，对青贮玉米的需求潜力也很大。随着国内外乳品加工企业先后入鲁，我省奶牛饲养在规模和数量上必将有新的增加，这对青贮玉米种植和加工会产生进一步的推动。从总体上看，未来制约我省畜牧业发展的主要瓶颈之一是优质饲草料供应不足，尤其是冬春季节饲草料短缺。要科学地解决我省畜牧业面临的冬春季节饲草料缺乏问题，并有效抵御自然灾害对畜牧业生产构成的威胁，应大力发展人工种植饲草料作物，并贮备足量的青贮饲料，以平衡冬春季饲草料的供给。而在农业种植结构调整以及扩大饲草料生产和供应中，青贮玉米具有多方面的优势，不仅能够推进农牧业结构的调整、增加农民收入，而且可促进畜牧业由数量型增长向优质高效方向发展。青贮玉米种植与粮用玉米有许多相近和相似之处，但在推广和发展方面仍面临一些困难和障碍。首先需要纠正认识上存在的片面性，其次是采取有效措施，使青贮玉米生产做到"点上开花，面上结果"。

第一，加快青贮玉米新品种培育、引进和推广的步伐。要扩大青贮玉米的种植面积，首先要有可种可推的青贮玉米新品种，这也是发展青贮玉米的关键所在。综合国内外的研究成果可以看出，青贮玉米种植和生产的目标与粮用玉米有所不同，青贮玉米一般单位土地面积上的鲜、干物质产量较高，奶牛转化后的牛奶产量较高，一般春播每亩可达到 5 000～8 000 kg 的鲜草产量、夏播可达到 4 000～6 000 kg 的鲜草产量，平均每亩全株干物质产量 2 500 kg 以上，每亩全株青贮玉米奶牛转化后牛奶产量 2 000 kg 以上。青贮玉米生产对籽粒产量的要求不像粮用玉米那样越高越好，但要求籽粒和茎秆的消化率高，青贮玉米籽粒产量一般占全株产量的 40%～50% 即可，籽粒的消化率在 80% 以上。青贮玉米的植株要粗大、多叶和多分蘖，同时有较高的消化率，茎秆的消化率要达到 40% 以上，全株的消化率在 70% 以上。

选择青贮玉米品种时，要了解青贮玉米的营养特点和经济价值。综合来看，选用的青贮玉米品种应具有高能和较高的转化利用效率等特点。从产量性状看，全株鲜草产量和干物质产量较高；从营养价值看，淀粉和可溶性碳水化合物含量高，而纤维素和木质素含量较低，全株干物质的消化率较高。具体选择时，可以利用叶脉的色泽来确定。一般情况下，褐色叶脉类型的青贮玉米品种消化率高，茎秆中的纤维素和木质素含量较低。

第二，建立科学高效的青贮玉米生产评价体系。要科学分析和评价青贮玉米的种植和生产效果，并为种植者提供合理可信的发展依据，从根本上改变人们单一的种粮观和食物观，将种植业生产的植物性食物与畜牧业生产的动物性食物有机结合起来、统一起来，使人们逐步树立起广义的食物观和多样性的食品观，只有这样才能更好地调动种植者种植青贮玉米的积极性和养殖者利用青贮玉米的主动性。

青贮玉米生产要得到发展，除做好种植者和利用者的相互衔接外，还要在农业生产成果的评价标准和评价体系上有所改革和创新。传统的农业生产考核和评价标准，主要是以粮食总产和单产为依据，由此在生产上常常将青贮玉米生产与粮用玉米生产分割开来，有时甚至会对立起来。因此，要扩大青贮玉米的种植面积，需要将现行的单一的作物籽粒产量考察评价法，转变为单位面积作物的生物学产量和群体产量评价法。在条件成熟的地方和畜牧业发展较快的区域，建立植物性食物和动物性食物综合评价体系，使评价农业生产效能的标准更系统、更完整；使单位土地面积的生产效能评价，逐步由单一的直接可利用的植物产品的产量转变为同等土地面积的生物学产量和营养物质当量。

青贮玉米生产要保持持续健康发展，还要紧密结合各地实际情况，做到因地制宜、因时制宜。从总体上看，各地畜牧业发展的重点有所不同，因此在青贮玉米的品种选择上，要做到种用结合。在草食畜禽较少的地方大面积种植青贮玉米时，以粮饲兼用型青贮玉米品种为好，可以规避单纯种植青贮玉米带来的秸秆产量大转化利用不了形成的浪费。在畜牧业发展的优势地区，特别是草食畜禽较多的地区，可以发展多分蘖和多穗型青贮玉米，以满足畜牧业发展对饲草料的需求。

第三，建立青贮玉米生产利用的技术支撑体系。青贮玉米要在生产上、营养上、经济上和效能上有显著的竞争优势，除品种因素外，配套的种植管理技术也非常重要。青贮玉米研究在我国起步较晚，这一领域的研究还比较薄弱，需要在逐步确立青贮玉米产量与品质评价指标的基础上，科学地鉴定和评价不同品种青贮玉米的优劣和栽培管理措施的好坏，在试验示范的基础上制定青贮玉米品种选育目标和高产优质栽培技术措施与规程。

第四，全面推进青贮玉米的产业化进程。为引导青贮玉米发展，在制定农业良种补贴时，应将青贮玉米当作优势农作物纳入补贴优先考虑的范围；在对农业机械进行补贴的政策中，应把青贮玉米种植、收获和制作青贮饲料的机械纳入重点补贴的范围，利用政策引导促进青贮玉米生产发展。同时，通过加快对青贮玉米机械化种植、收获和加工利用技术的研究，解决青贮玉米生产中的关键技术问题，实现青贮玉米生产的产业化。青贮玉米植株高大、生物产量高，在收割、切碎、装载和运输等过程中需要耗费大量人力和物力。因此，应扩大自动化机械的应用水平，尽量保证一次完成青贮玉米收割、切碎、抛送和装车等作业。通过养殖企业＋农户或公司＋合作社＋农户等模式，提高农民种植青贮玉米的积极性，养殖企业也可得到质量均衡、优质的青贮玉米，从而保障企业和农户双方的利益，使青贮玉米产业化顺利实施。

第五，科学解决青贮玉米生产利用的技术问题。山东各地虽然具有粮用玉米的种植传统和习惯，且种植面积大、分布广，但青贮玉米与粮用玉米存在许多差异，各地的自然条件、生产条件也千差万别。因此，因地制宜地选好和种好青贮玉米，对充分发挥青贮玉米的产量和利用潜力具有重要意义。目前，我省推广利用的青贮玉米品种主要是一些杂交种，这些杂交种的生产性能和遗传背景不尽相同，适宜的种植季节、合适的种植区域、需要的栽培方式和措施、收获和利用的时间要求等生产条件也不相同。在选用青贮玉米品种时，既要做到因种栽培，又要做到因地用种。在青贮玉米生产利用中应解决好以下几个问题：

(1)所选择的青贮玉米良种应与当地的热量和生长期相适应,尽量保证青贮玉米品种达到适宜的收获期,不需要像粮用玉米那样一定要达到完熟期,也不必刻意追求籽粒高产而采用生育期过短的品种,可选用生育期较长一些的品种,保证秸秆在收获时不过分老化和干枯,保持秸秆青绿和营养丰富。在此基础上,争取果穗籽粒尽量饱满,以保证青贮玉米全株具有较高的营养物质含量。

(2)所选用的青贮玉米品种应具有实现高产的潜力,这类青贮玉米品种往往多分蘖或多穗,可以通过增加植株的分蘖数或单株的穗数增加单位面积的群体产量。一般情况下,多分蘖和多穗的青贮玉米品种,在肥水等投入品增加的条件下,群体的生物学产量可大幅提高。因此,在种植青贮玉米时,应根据不同品种的不同特性,采用良种良法配套措施,最大限度地发挥品种的良好生长潜势和高产潜力。

(3)青贮玉米品种应具有较强的抗逆性,确保不同种植条件下能够稳产高产。通常青贮玉米品种比粮用玉米品种具有较强的抗病性,但抗倒伏能力较弱,在较高的肥水条件下虽然具有较大的增产潜力和高产能力,但抗倒伏性会受到影响,多穗型的青贮玉米品种受影响更大。

(4)所选择的青贮玉米品种除全株生物学产量较高外,还应具有优良的品质。近年来,我国在青贮玉米品种的选育过程中，对青贮玉米的营养品质做了很多研究。在选择青贮玉米品种时，除考虑高产外，还应根据饲喂的畜禽品种和利用方式，选用品质优良的品种，特别是高蛋白品种、高油品种、高赖氨酸品种等。

（5）选择青贮玉米品种时，品种特性要与当地的自然条件和种植水平相适应。从生育期来分，南顶一号、墨西哥玉米和科饲系列等一些多分蘖多穗的品种大都晚熟，且不耐密植，种植时应尽量稀植，以增强和提高单株的生产潜力；英红、中原单32号等中熟或中早熟的青贮玉米品种，可以套种、抢茬夏直播或夏直播，这些品种由于株型紧凑、耐密性好，在种植时可以加大种植密度。

（6）青贮玉米新品种要先引种和示范，然后大面积推广。青贮玉米新品种具有老品种无法比拟的优点，比如抗性好、产量高，甚至某些性状特别突出、品质更优良，如蛋白质、赖氨酸和油酸含量较高。因此，在实践中也就形成了品种持续更新和不断更换。尽管品种更新速度很快，新的品种层出不穷，但对一些新育成的青贮玉米新品种，要在大规模推广前开展区域试验和鉴定工作。对于未定型的新品种，不妨少量引种、试种，获得可靠结果后，再加快新品种的推广和应用速度，最大限度地发挥新品种的增产增效作用，为种植者带来良好的收益。

第二章

青贮玉米优质高产栽培技术

为促进青贮玉米生产高产高效和绿色优质，需要进行规模化和标准化生产，依据相关的技术规程和标准来组织生产。翟桂玉研究员团队在研究和生产实践的基础上，集成了系列化青贮玉米高产栽培关键技术规程。

第一节　青贮玉米高产栽培技术规程

1　范围

本标准规定了青贮玉米生产、管理技术要求。

本标准适用于青贮玉米生产和利用。

2　规范性引用文件

下列文件中的条款通过本标准的引用而成为本标准

的条款。凡是注日期的引用文件，其随后所有的修改单（不包括勘误的内容）或修订版均不适用于本标准。然而，鼓励根据本标准达成协议的各方研究是否可使用这些文件的最新版本。凡是不注日期的引用文件，其最新版本适用于本标准。

NY/T 394 绿色食品　肥料使用准则

GB 4404.1 粮食作物种子　禾谷类

GB 4285 农药安全使用标准

GB/T 8321.1~7 农药合理使用准则

3　术语和定义

下列术语和定义适用于本标准

3.1 拔节期

禾本科植物在地面出现第一个茎节时称为拔节期。一般以50%的植株第一个茎节露出地面1~2 cm为标准。

3.2 抽穗期

禾本科植物有50%的花穗从顶部叶鞘伸出时称为抽穗期。

3.3 乳熟期

50%以上的籽粒内充满乳白色汁液，并接近正常大小为乳熟期。

3.4 腊熟期

80%以上的种子内含物变干呈蜡质状为蜡熟期。

4 产地选择

选择生态条件良好、远离污染源、地势平坦、不积水、土层深厚、盐渍化程度低、排灌配套、适宜机械化作业的区域。

5 种植

5.1 土地整理

春播地块在秋作作物收获后及时深耕晒垡，熟化，并于11月中旬灌足冬水，通过冻融交替作用碎土。气温回升后及时耙糖，保土壤墒情，以备春播。夏播或复种玉米的地块在前作收获后采用免耕或翻耕方式，整平、整细土壤，及时播种。

播前结合施基肥浅耕一次，耕深15～18 cm，耕后及时耙平保墒。如果土壤沙质，切勿采用旋耕整地，否则易造成失墒、播种过深、吊苗等。

5.2 除草灭荒

前茬作物杂草严重或新开垦的土地，可采用深翻耕灭茬、人工除草或施用低残留化学除草剂等方法处理，防止出现草荒。

5.3 施肥

建议实施测土配方施肥。施肥以基肥为主，一般化肥施用量为：氮肥亩施纯氮 30 kg 左右，60%～70% 作基施，30%～40% 作追施；磷肥亩施五氧化二磷 5.0～7.5 kg，结合整地作底肥或种肥施入，灰钙质土地或富磷土壤可适量施肥或隔年施磷肥；钾肥亩施氧化钾 4～5 kg。

5.4 防治虫害

播种前深翻土壤，铲除杂草，并及时移出，可以有效减少虫害的发生。

对于危害较大的地老虎，可采用 50% 辛硫磷乳剂拌种或利用黑光灯和糖醋液诱杀成虫的方式进行预防。对地老虎虫害已发生的农田，可采用人工去除、毒饵或毒土诱杀及喷洒药剂等方法进行防治。

5.5 品种选择

选用生长快、植株高大、茎叶繁茂、分枝多、叶片直立的优良品种，如：中原单 32 号、太穗 1 号，南顶 1 号、鲁青贮 1 号、农大 108、黑饲 1 号、新沃 1 号等品种。

5.6 种子播前处理

种子播前要经过清选、去杂质，种子质量应符合 GB 4404.1中二级以上的要求。

5.7 播种

5.7.1 播种时间

春播或夏播均可。春播于4月中下旬，土壤10 cm处地温稳定在10～12℃即可开始。根据品种生长特性和利用方式决定播种时间。夏播一般在小麦收获后开始。

5.7.2 播种方式

条播或穴播。行株距按照品种的密度确定，一般行距为50 cm，株距为20 cm，播深4～5 cm。

5.7.3 播种量

亩用种量4～5 kg。

5.8 去除杂草

结合中耕除草或选用安全有效的除草剂进行除草。

6　田间管理

6.1 查苗、防治板结

出苗后及时查苗，连续缺苗田块，及时催芽补种。田块有板结时，应及时破除。

6.2 间、定苗

在 4~5 叶期及时间苗、定苗，每亩保苗 4 500~6 500 株。若遇缺苗穴，两端应留双株，以保证收获株数。

6.3 中耕与追肥

在玉米拔节期结合中耕进行追肥，以氮肥为主，一次施入。保水保肥差的地块如沙土地追施氮肥，应按苗肥、穗肥、粒肥各占总施氮量的 12.5%、25%、12.5% 进行，与玉米拔节期、大喇叭口期、抽雄期对应。

6.4 灌水

玉米苗期一般不需要灌溉，以促进地下根系生长；拔节期至抽穗期需水量大，灌水 2~3 次。为节约水源，以喷灌或滴灌方式为佳。

玉米地老虎虫害发生较重的田块，可在玉米 5~6 片叶完全展开前后灌水。

6.5 病虫害防治

要加强病虫害的预测预报，及时防治。对于具有普遍危害性的蚜虫、黏虫和红蜘蛛，采用安全有效的除虫剂进行防治。

7 收获

收获时期因利用方式而异，青刈利用在拔节至抽穗期刈割，青贮玉米在乳熟至蜡熟期收获，该时期茎叶青绿，宜于全株青贮利用。

第二节　墨西哥玉米栽培利用技术规程

1　范围

本标准规定了墨西哥玉米栽培中的定义、品种特征、生产条件与栽培技术。

本标准适用于墨西哥玉米种植栽培。

2　定义

2.1 育苗移栽

整好苗床，浇足底水，将种子处理后，均匀撒在苗床上，覆盖细土；春末育苗应进行覆膜，出苗后可以不再覆盖；苗床保持湿润，适合移栽时，及时起苗移栽的一种育苗栽培方法。

2.2 青贮饲料

将青绿多汁的植物原料切碎压实，在缺氧状态下进行发酵调制加工的饲料。

3 品种特征

3.1 植物学特征

墨西哥玉米系禾本科蜀黍属一年生草本植物, 植株高200~300 cm, 茎秆粗壮, 叶片宽大, 分蘖力强, 一般单株分蘖15~20个, 多的可达30个以上。在低纬度地区, 9月下旬开始抽穗扬花, 果穗生在叶鞘内, 每株有5~10个穗, 每丛有40~60个穗, 每穗有3~7粒种子。果穗无棒心, 种子呈纺锤形, 褐色, 千粒重60~70 g。在山东境内, 生育期为200~230天, 一般10月中下旬开始抽穗扬花, 但不结籽或结籽数很少, 籽粒不易成熟。

3.2 生物学特性

墨西哥玉米喜温暖湿润气候, 耐热, 20~33 ℃时生长迅速, 耐旱力较差, 栽培种植时宜选择有灌溉条件的地块, 以免干旱影响生长发育、草的产量。墨西哥玉米出苗后1.0~1.5月生长缓慢, 出苗2个月以后生长加速。对土壤要求不严格, 喜肥喜水, 适宜在水、肥条件好的土壤上栽培。

3.3 生产性能

墨西哥玉米一般4月上旬播种, 6月上旬开始刈割, 20~30天刈割一次, 直至下霜为止, 全年可刈割5次以上,每亩鲜草产量1万kg，高的可达1.5万~2万kg。墨西哥玉米干草中营养物质丰富，粗蛋白质含量10.43%，粗脂肪含量3.31%，粗纤维含量26.85%。鲜草叶长，茎脆，草质柔软，适合饲喂所有家畜家禽及草鱼，可解决伏天优质青饲料供应短缺问题，也可作为秋季制作青贮饲料的原料，制作的青贮饲料具有很高的营养价值。

4 生产条件

4.1 温度

墨西哥玉米最适抽芽温度为15℃，生长最适温度20~35℃，能耐受40℃高温，不耐霜冻，气温降至10℃停止生长，0℃时植株枯黄死亡。

4.2 水分

墨西哥玉米在年降水量800 mm地区生长良好，生长期需水量大，但不耐水淹。能充分利用土壤中的水分，但耐旱性不强。

4.3 土壤

墨西哥玉米适应性广，各类土壤均可种植。最适宜的是土层深厚、有机质丰富、结构疏松、排水良好、养分充足、黏度适中的土壤。

5 主要栽培技术

5.1 整地

播种前一周在待播地块上喷洒除草剂，以控制杂草生长。由于墨西哥玉米种子硬实，地块深耕后要耕细整平，以便种子与土壤紧密接触，吸收水分，促进种子萌发。

5.2 施肥

5.2.1 施肥原则 根据墨西哥玉米的需肥规律，按照有机无机结合、底肥追肥结合的原则，平衡施肥。

5.2.2 底肥 每亩施有机肥2 000～3 000 kg，过磷酸钙30 kg，有机肥要求充分腐熟。

5.2.3 种（苗）肥 采用直播方式播种时应施一次种肥，采用育苗移栽方式时在移栽时施一次苗肥。每亩施尿素15 kg，促进幼苗生长。

5.2.4 追肥 采用氮肥后移技术，即每次刈割后，结合灌水追施一次氮肥，每亩施尿素15 kg。

5.3 播种

株行距40 cm×60 cm，穴播或育苗移栽。播种时只需略覆细土。播后适当保持畦面湿润，5天可出苗。

5.3.1 种子处理 播前用30℃的温水浸泡24小时，

增加种子活力，提高发芽率。

5.3.2 播种量 穴播0.75~1.00 kg/亩，育苗移栽0.4~0.6 kg/亩。

5.3.3 播种期 穴播和育苗移栽均为春播或夏播，春播期、夏播期分别为4月上中旬、7月上中旬。

5.3.4 播种规格 育苗移栽行距40 cm，株距30 cm，穴播株行距为35 cm×25 cm。待苗高10~15 cm时，每穴定苗1株，缺株时要补苗。

5.3.5 播种深度 视土壤墒情和质地而定，土干宜深，土湿则浅，轻壤土宜深，重壤土宜浅，一般3~4 cm，尽量保证播种深度一致。

5.4 育苗移栽

5.4.1 苗床选择 苗床应选择背风向阳、土壤肥沃、质地疏松、排水良好的土地。若栽培面积较大，苗床应离移栽地较近，附近要有水源。

5.4.2 苗床整理 在育苗前20~30天，每平方米苗床施腐熟人畜粪尿3~4 kg、腐熟厩肥5~6 kg，然后与土壤拌匀。在播种前1周左右，每平方米施碳酸氢铵50 g、过磷酸钙200~250 g、硫酸钾20 g，施肥后浅翻耕。育苗床的耕作层要做到肥、松、细、软、厚，手捏成团，落地即散，畦面要求土粒大小一致。

5.4.3 苗床制作　苗床应开沟做畦，建立排灌系统，一般畦宽1.7 m，畦长依地块而定，畦沟深0.2～0.25 m，畦沟宽0.2 m，畦面呈瓦背形。

5.4.4 育苗及苗床管理　播前用清粪水浇透苗床，将种子均匀地撒在苗床上，种用量0.5 kg/亩，然后覆盖细土，覆土厚度2～3 cm。春季育苗，应进行小拱棚覆膜，播后3天注意揭膜换气，移栽前10天揭去覆膜炼苗。育苗期间注意防除杂草，保持苗床湿润。出苗后15天除去小苗、劣苗，根据出苗情况适当间苗，苗距保持3～4 cm，不可过密，以免幼苗徒长。

5.4.5 移栽　播种后30～40天、苗高10～15 cm、幼苗4～5片叶时，起苗移栽。移栽前一天苗床浇透水，以便起苗。移栽时严格选苗，淘汰徒长苗，挖苗时带4～5 cm主根。边起苗边移栽，采用高垄栽植。垄的规格：垄顶宽70 cm，垄沟宽30 cm，垄沟深25 cm。移栽时将根茎部分埋入土中，土稍压紧，使根部与土壤紧密接触。也可雨后抢墒栽植，移栽后应浇一次定根水。

6　田间管理

6.1 定苗及查苗补栽

采用穴播时，应及时匀苗和定苗。一般在幼苗长出4～5片叶时进行定苗，苗间距以30～40 cm为宜。移栽的幼苗成活后应及时查苗，用壮苗补缺。

6.2 追施肥料

墨西哥玉米开始分蘖，长至30～50 cm、分蘖达3个以上时，应重施追肥，每亩施人粪尿1 000～1 200 kg，并加施尿素10 kg，以利于分蘖，加快生长速度。每次刈割后的1～2天，结合浇水追施氮肥。

6.3 灌溉

墨西哥玉米需水较多，尤其在高温季节，应及时灌溉，保持田间适宜的水分，每次刈割后均应灌溉。

6.4 杂草清除

在墨西哥玉米封垄前中耕除草1～2次。植株长高后，杂草竞争力不如墨西哥玉米，无草害之忧，但每次刈割后也要做好除草。

7　刈割收获

墨西哥玉米长到50～60 cm开始刈割，刈割方式为斜刀口，留茬10～15 cm。以后每隔20～25天刈割一次，每次留茬比原来高1.0～1.5 cm，不割掉生长点，以利于再生。为促使刈割后再生，刈割前3～5天可田间施速效肥。7～9月，如遇天晴地干，应及时灌水，保证田间湿润，以利于再生。

第三节　青贮玉米一年两熟种植技术

随着我国畜牧业快速发展，特别是奶牛、肉牛和羊等草食家畜饲养方式和饲养水平的改进与提高，青绿饲料的需求逐年增加。为适应畜牧业快速发展的需要，科学地增加青绿饲料的供给，山东省畜牧总站翟桂玉研究员团队对青贮玉米一年两熟种植技术进行了研究，集成了充分利用光、热、水、土等自然资源，发挥青贮玉米连作不减产的优势，在同一地块上进行春播和夏播青贮玉米连续种植技术。试验结果表明，在山东省开展青贮玉米一年两熟种植是可行的。

一、春播青贮玉米种植技术

1. 春季种植青贮玉米的好处

一是可以在早春季节提高光照、温度和土地等资源的利用率，减少春季搁荒地，提高复种指数，确保饲料作物的种植面积。二是春季种植青贮玉米可以比种植其他牧草和饲料作物获得比较高的收益，在当前的市场情况下，提高5%～10%。三是春季种植青贮玉米的产量比种植其他饲料作物的产量要高，在种植田块、投入水平、生长时间相同的条件下，种植青贮玉米的产量高10%左右。

四是春季种植青贮玉米管理要求较粗放，所需人工、肥料、农药等投入成本较低，同时可大面积种植和推广应用。五是春季种植青贮玉米，一般在3月底4月初播种，5月底6月初即可收获利用，因此不会影响夏播作物的品种选择、生产季节和茬口安排，也能为秋种生产创造更有利条件。

2. 种植技术

为保证春季种植青贮玉米成功，获得良好的种植收益，需要根据气候特点、土壤条件和栽培要求，采用相应的种植技术。

为保证青贮玉米一年两熟，春播应选择相对早熟的品种，一般选择杂交青贮玉米，如鲁青贮1号、英红、中原单32号等品种；也可以选择用以生产粮食的品种，如掖单系列、登海系列、鲁玉系列等。

春季播种青贮玉米，温度是影响播种期的关键因素之一，地温低于8℃时，种子发芽缓慢，苗势弱，出苗不整齐；地温稳定在8~12℃时，种子发芽势高，出苗也较整齐。水分是影响播种期的另一个关键因素，播种时理想的土壤水分含量为70%~75%，春旱常导致种子发芽出苗不整齐，严重时会造成芽干毁种。为使春季播种青贮玉米成功，要创建春播种子萌发和幼苗生长的适宜温度和水分环境。

（1）提高和保持适宜的地温：

①合理施肥。春播玉米时，结合整地施用有机肥作基肥。有机肥作基肥，既能提供丰富的营养元素，又能在腐熟分解和与土壤融合的过程中，改善土壤理化性状，提高地温，利于春播玉米根系发育。在春播玉米地里撒施有机肥，还能够使地温保持相对稳定。春玉米种植后，多施用磷肥可提高玉米植株原生质胶体的亲水性，提高玉米抵御春寒的能力；施用钾肥，钾元素可以促进玉米植株体内碳水化合物的积累和细胞液浓度的增加，也能提高植株抗春寒能力。由于春播青贮玉米播期早，气温低，土壤养分转化慢，根系吸收能力差，施用肥料时应靠近种子，使肥料更容易被吸收利用。当生长至3~4片叶子时追施壮苗肥，5片叶至拔节期应施壮秆肥，8~9叶期应施促粒肥。

②沟植沟播。春季播种青贮玉米，出苗后易发生春寒冻害。为了预防冻害，可开沟种植，利用沟底保温，保证玉米苗期生长整齐、健壮，并提高玉米种子或幼苗的通风透光性。

③覆膜育苗。春季种植青贮玉米，为了保持玉米萌发的有效地温和出苗环境温度的稳定，可在玉米播种垄上覆盖地膜。这样可以使青贮玉米播种时间提前5~7天，

而且出苗率比不覆膜提高20%左右。覆膜播种青贮玉米，覆膜前搂平垄面，采用穴播，每穴播2粒，播深3~5 cm，亩用种2.5~3.0 kg。青贮玉米顶土出苗后，要在薄膜上打孔，将苗引出，随后用土压住膜口。

④双膜育苗。青贮玉米播种后，在垄上覆盖地膜，形成第一层覆膜；然后在第一层覆膜的上方用膜搭成拱棚状的第二层覆膜。双膜覆盖可显著提高地温，出苗率比单膜育苗提高10%左右。青贮玉米顶土出苗后，先将第一层膜扎破，将苗引出并用土压住膜口，待地温稳定在10℃时再揭去第二层膜，自然生长。双膜育苗，既能提高春播青贮玉米的出苗率，又能使春播的时间提前。

(2)造墒保墒与保苗技术：春季播种青贮玉米会受到春旱的影响，造墒保墒可有效解决春旱造成的春季播种出苗难问题。

①顶凌播种。在冬季降雨较多，土壤墒情良好的地块，春季可以在土壤开始解冻、消冻土层达6 cm以上时，将玉米种子播到冻土层，充分利用底墒促使种子发芽，克服因墒情不好而导致的青贮玉米种子出苗难。

②抢墒播种。在地表干土层厚2~3 cm的地块春季种植青贮玉米，若播种前遇雨，则为了避免土壤失墒后难以播种或播种后影响出苗，可将青贮玉米的播期提早10~15天，抢墒播种。播种时，随播随覆土并压实地表，

以防跑墒，影响出苗。

③引墒播种。春季种植青贮玉米的地块底墒较差时，为保证种子能够萌发，可在播前3~4天用石磙对地块进行镇压，并于镇压后的第二天清晨地皮退潮后播种，随播随耱，防止跑墒。播种2~3天后再耱一次，使土壤下层水分上移，以促进发芽出苗。

④提墒播种。春季种植青贮玉米的地块地表干土层不超过4 cm时，可在播种前，趁露水未干或地面较湿润时，将地块耙耱1~2遍，保住"露水墒"；或对底墒较好的地块进行耙耱或镇压，以提高表土层的水分含量，促进青贮玉米种子萌发和次生根生长，确保全苗。

⑤借墒播种。春季种植青贮玉米的地块地表干土层超过6 cm，但底墒较好时，可用犁开一条较深的沟，将种子播在沟底湿土层，并在种子上覆盖一层湿土；也可以先用犁开沟，然后在沟中再犁一次，将种子播在湿土内，浅盖土后轻压，并保留犁沟。这样可使玉米种子能够利用好底墒，吸收土壤下层的水分，促进种子萌发，出苗整齐。

⑥造墒播种。春季种植青贮玉米的地块地表干土层超过10厘米，且底墒不好时，为了及时播种青贮玉米，要造墒播种。对播种穴进行浇水，待水下渗后播种，播种后盖土。覆土时，先盖湿土，后盖干土，以利于出苗。

⑦双槽覆膜播种。在春季种植青贮玉米的地块，按行距开两条槽，使两槽中间和两边形成槽埂，在槽埂上覆盖地膜，槽中间播种玉米。利用槽中间地势低，形成聚水漏斗的特点，将降水集聚到玉米生长的槽中间，便于玉米种子和幼苗吸收利用水分，促进种子萌发和幼苗生长。

⑧改垄作为开沟播种。春季种植青贮玉米垄作栽培时，土壤疏松，易风干，土壤的毛细管作用受到制约，导致土壤水分难以达到种子发芽所需的水分，会造成玉米出苗早晚不齐，干种缺苗严重。为解决这一问题，可将垄作转变为开沟播种，使种子落到毛细管没有被切断的湿土层，播后覆土压实，使土壤水分能满足种子萌发的需要，从而保证正常出苗、苗齐和苗壮。

二、夏播青贮玉米种植技术

夏播青贮玉米的关键主要是调整播种时间，统筹茬口安排，以提高土地综合利用效率和周年生产效益。在一年两熟的种植过程中，夏播青贮玉米的播种时间要根据春播青贮玉米的适宜收获期确定，春播青贮玉米收获后，要及时抢早播种。同时要兼顾后作作物的种植时间，如秋季要种植冬小麦，冬小麦的播种期一般为10月1～10日，因此夏播青贮玉米最好在10月1日前能达到适宜的收获期并收获。夏播青贮玉米，播种时地温已经较高且相对稳定,种子萌发和幼苗生长受地温的影响不像春季播种时那么大,而且土壤墒情一般也好于早春。因此,夏播青贮玉米要达到苗全、苗齐和苗壮,提高播种质量是关键。为实现夏播青贮玉米高产和高效,在生产中应采取以下技术措施来提高播种质量。

(1)播前整地:夏播青贮玉米是在春播青贮玉米或其他前作收获后播种,一般不需对土地深耕。因为深耕后土壤沉实时间短,出苗时遇雨土壤易塌陷,引起倒伏及断根;深耕还会使土壤蓄水多,遇雨不能及时排出,易发生涝害,出现黄苗或死苗,影响生长,造成减产。目前一般采用趁墒免耕直播、出苗后灭茬方法,实践表明是可行的。

(2)种子处理:夏播青贮玉米在播种前应对种子进行精选,剔除破粒、病斑粒、虫食粒及其他杂质。精选后的种子要达到二级良种以上,纯度99%以上,净度98%,发芽率95%以上,含水量不高于14%。播种前选晴天晒2~3天,以提高种子发芽势,提早出苗,减轻黑穗病。浸种处理也是促进种子发芽整齐、出苗快和苗全的重要方法,可用冷水浸种12~24小时,也可用50℃温水浸种6~8小时,或者用500倍磷酸二氢钾溶液浸种8~12小时,均可促进种子萌发,提高种子的发芽势。浸种时间长短应根据种子类型和土壤条件等确定,饱满硬粒型种子浸种时间可长些，秕粒、马齿型种子要短一些；有灌溉条件的地块种植可以浸种，旱地播种一般不做浸种处理，以防土壤吸水造成种子萌发受阻和出苗不齐、不壮。

（3）适时早播：夏播青贮玉米在茬口允许的条件下，可以按照"春争日，夏争时""夏播争早，越早越好"的原则尽量早播，通常夏播青贮玉米的播种期在5月底至6月上中旬。玉米对温度反应敏感，为满足玉米各生育阶段对温度的要求，应适时提早播种，以提高青贮玉米的产量，并改善其质量。

（4）适量播种：增加播种量是留壮苗、保密度的基础，夏播青贮玉米的播种量一般为每亩2.5～3.0 kg，具体的用量应根据种植密度、播种方式、种子大小、发芽率高低、土壤情况等确定。条播比点播的用种量大，种子大或发芽率低时播种量要加大，土壤条件差或地下害虫较多的地块播种量要加大。株型紧凑和抗倒伏的品种，如英红玉米，一般每亩4 500～6 000株；植株高大、叶片较平展和群体透光性差的品种，如鲁青贮1号，种植密度应掌握在每亩3 500～4 000株，以免影响单株产量和形成倒伏。

（5）适当播种：夏播青贮玉米由于播种时温度高、雨水较多，播种深度以5 cm为宜。具体的播种深度应视土壤质地来定，土壤墒情好可浅些，表层土干可适当深一些；沙壤土播种深一些，黏土地浅一些，播后覆土厚度应均匀一致。

三、春播和夏播青贮玉米高产栽培技术

青贮玉米无论是春播还是夏播，出苗后，为提高产量和改善质量，需要采取细致有效的农艺技术措施。

1. 田间管理技术

青贮玉米田间管理可以分为两个阶段，即苗期和穗期。

(1)苗期管理技术：为使青贮玉米能够根深、根多、苗齐、苗壮，首先要及时查苗、补苗，地膜覆盖种植的应及时放苗，防止烧苗；其次要及时中耕。当青贮玉米长出3~4片叶时要进行间苗，9~10片叶时对弱苗进行清理，并进行定苗。定苗后，及时进行人工除草。当种植面积较大，而劳力不足时，可化学除草。特别是夏播青贮玉米，应用化学除草剂及时全面有效地防除一年生单子叶及双子叶杂草。

(2)穗期管理技术：穗期是青贮玉米物质积累的关键时期，为使青贮玉米能够秆壮抗倒伏、穗大粒多粒满、营养物质丰富，应做好水肥供应。①追肥技术。青贮玉米追施速效氮肥的效果比较突出，追肥的量应根据肥料种类确定，如尿素，一般可追施16~18 kg/亩，分两次追施。第一次追施在幼苗长到6~7片叶时进行，亩施6~8 kg；

第二次追施结合中耕进行，亩施 10 kg 左右。两次追肥不等量，能把氮肥供应推延到青贮玉米生育中后期，从而大大提高青贮玉米的保绿度和品质。②适时灌溉。当田间的青贮玉米因长时间无有效降水在中午出现叶片卷曲，而这种卷曲在早晨和夜晚仍无法恢复时，应进行灌溉。

2. 病虫害防治技术

青贮玉米与其他玉米品种一样，种植后会遭到各种病虫害侵害。

（1）玉米丝黑穗病：为防止此病发生和蔓延，播种前可用 10% 烯唑乳油 20 g 湿拌种子 100 kg，堆闷 24 小时；或用 50% 多菌灵，按种子重量的 0.7% 拌种。

（2）玉米螟：为消除和杜绝玉米螟的发生，可采取消灭越冬寄主、压低虫源基数、设置诱集田等农艺措施；也可以利用赤眼蜂灭卵，在玉米螟产卵初盛期和盛期分三次放蜂，每公顷设放蜂点 100～150 个，放蜂 15 万～30 万只；或利用白僵菌防治，在青贮玉米生长至大喇叭口期，将每克含分生孢子 50 亿～100 亿的白僵菌颗粒撒入心叶丛中，每株 1～2 g。青贮玉米发生玉米螟，危害较重时，可以化学防治，将 1% 对硫磷颗粒剂或 0.2% 辛硫磷颗粒剂在大喇叭口末期撒入心叶丛中，每株 2 g。

3. 收获技术

青贮玉米收获主要是适宜收获期的确定，应最大限度减少干物质和能量的损失。早收获虽有利于防止病害侵染、防止倒伏、防止掉穗，有利于秋耕，但会影响营养物质的积累和单位面积的产量；晚收会造成营养物质和产量的损失。适宜的收获时间应是全株营养物质达到高峰、植株含水量在65%左右、适合制作青贮饲料的时期，这一时期一般在青贮玉米的乳熟末期至蜡熟初期。

第四节　青贮玉米与豆科饲料
作物间作栽培技术规程

1　范围

本标准规定了青贮玉米与豆科饲料作物间作栽培技术的术语和定义、产地环境条件、栽培技术、收获及利用。

本标准适用于开展青贮玉米与豆科饲料作物间作栽培生产优质饲草料的农区。

2　规范性引用文件

下列文件对于本文件的应用是必不可少的。凡是注日期的引用文件, 仅注日期的版本适用于本文件。凡是不注日期的引用文件, 其最新版本(包括所有的修改单)适用于本文件。

GB 3095 环境空气质量标准

GB 6141 豆科草种子质量分级

GB 6142 禾本科草种子质量分级

GB 5084 农田灌溉水质标准

GB/T 8321 农药合理使用准则

GB 15618 土壤环境质量标准

NY/T 496 肥料合理使用准则 通则

NY/T 1276 农药安全使用规范总则

3 术语与定义

下列术语和定义适用于本标准。

3.1 间作

在同一地块上, 青贮玉米与豆科饲料作物同时播种栽培的种植模式。

3.2 间作配置

青贮玉米与豆科饲料作物按照一定行间距进行种植, 组成一个完整的带宽。如2∶3间作配置, 即2行青贮玉米间种3行豆科饲料作物, 组成1个宽度2 m的完整带, 2行青贮玉米的行宽150 cm，在行间种植3行豆科饲料作物，豆科饲料作物与青贮玉米间行距40 cm，豆科饲料作物的行距35 cm。2:4间作配置，即2行青贮玉米间种4行豆科饲料作物。

4 产地环境条件

产地土壤环境质量应符合 GB 15618的要求，产地环境空气质量应符合 GB 3095的要求，农田灌溉水质应符合 GB 5084的要求。

4.1 选地

应选择地势平坦、耕层深厚、肥力较高、保水、保肥及排水良好的地块。

4.2 选茬

应选择前作对豆科饲料作物作物和青贮玉米无残效的地块。

4.3 耕翻整地

实施以深松为基础，松、翻、耙相结合的土壤耕作制，三年深翻一次。秋翻整地，耕翻深度20～23 cm，做到无漏耕、无立垡、无坷垃。及时按种植要求的垄距起垄或夹肥起垄镇压。

5 品种选择和种子处理

5.1 品种选择

选择适合当地生态条件的青贮玉米和豆科饲料作物品种，青贮玉米应选择耐密、抗倒、全株生物学产量高的品种，种子质量应符合 GB 6142 的要求；大豆应选择稀植、耐荫、抗倒伏的品种，种子质量应符合 GB 6141 豆科草种子质量分级的要求。

5.2 种子处理

根据品种的抗性和当地条件进行青贮玉米、豆科饲料作物种子包衣，豆科饲料作物要接种根瘤菌。

6 种植与栽培

6.1 种植时间

青贮玉米与豆科饲料作物间作种植，春播、夏播均可。春播种植，当土壤 10 cm 深的地温 ≥ 10℃，耕作层含水量 20% 左右时即可播种；当土壤含水量 <20%，地温稳定在 10℃ 以上时，可抢墒播种。夏播可以在前茬作物收获后，根据土壤墒情适时播种，播种时间以青贮玉米和豆科饲料作物收获后不影响后作作物种植为准。

6.2 种植方法

青贮玉米播种采用机械精量等距点播，做到深浅一致、覆土均匀，播深3~5 cm。随播随镇压，镇压后播深达到3~4 cm，镇压做到不漏压、不拖堆。豆科饲料作物采用等行距条播。

6.3 间作方式

根据间作配置设计，采用2行青贮玉米、4行豆科饲料作物的间作方式。青贮玉米行距为150~200 cm，豆科饲料作物行距为25~35 cm；青贮玉米保苗6.0万~7.5万株/hm²，豆科饲料作物保苗40万~50万株/hm²。

6.4 施肥

根据土壤供肥能力和土壤养分平衡状况，以及气候、栽培等因素，进行测土配方平衡施肥，做到氮、磷、钾及中、微量元素合理搭配。肥料施用应符合NY/T 496的要求。

6.4.1 基肥

在种植前，结合整地，施用厩肥或有机质含量8%以上的有机肥20~30 t/hm²，作为底肥一次施入。或者根据地力情况，将五氧化二磷75~90 kg/hm²、氧化钾60~80 kg/hm²，作为底肥施入。

6.4.2 追肥

青贮玉米在生长期内追施氮肥，施纯氮肥 60 ~ 90 kg/hm²；豆科饲料作物在初花期追施尿素 60 ~ 75 kg/hm²。追肥方法为开沟深施，追肥深度 12 ~ 15 cm。

7 田间管理

7.1 中耕管理

青贮玉米和豆科饲料作物出苗后，进行铲前深松或铲前趟一犁，深度为 20 ~ 25 cm。应及时铲趟，做到三铲三趟，搞好田间管理，雨季前进行田间除草。

7.2 化学除草

应选择对青贮玉米和豆科饲料作物均安全、高效、低毒的除草剂，除草剂使用应符合 GB/T 8321 和 NY/T 1276 的要求。播后苗前封闭除草，可用 96% 精异丙甲草胺乳油或 90% 乙草胺乳油兑水均匀喷施土表。喷药应均匀，防止局部用药过多。出苗后不宜采用除草剂除草。

7.3 病虫害防治

按照"预防为主，综合防治"的原则，加强农业防治、生物防治和化学防治的协调与配套，严格控制化学农药用量。农药使用应符合 GB/T 8321 和 NY/T 1276 的要求。

8 收获与利用

8.1 收获时间

青贮玉米达到乳熟期或蜡熟期时，开始收获制作青贮饲料。豆科饲料作物根据生育期来确定收获时间，初花期至盛花期收获为宜。

8.2 收获方式

青贮玉米和豆科饲料作物可以同时收获制作混合青贮饲料；也可以分别收获，青贮玉米制作青贮饲料，豆科饲料作物制作干草。

8.3 利用

青贮玉米与豆科饲料作物间作生产的优质饲草料可以搭配其他饲料原料用于喂牛、羊、猪、鹅等，饲喂量根据畜禽种类和生长性能确定。

第五节　青贮玉米与饲用黑麦轮作技术规程

1 范围

本标准规定了青贮玉米与饲用黑麦轮作种植的术语

和定义、地块选择、品种选择、整地、施肥、播种、田间管理。

本标准适用于开展青贮玉米与饲用黑麦轮作种植生产优质饲草的农区。

2 规范性引用文件

下列文件对于本文件的应用是必不可少的。凡是注日期的引用文件，仅注日期的版本适用于本文件。凡是不注日期的引用文件，其最新版本（包括所有的修改单）适用于本文件。

GB 6142 禾本科草种子质量分级

GB 25882 青贮玉米品质分级

GB 5084 农田灌溉水质量标准

GB 15618 土壤环境质量标准

NY/T 496 肥料合理使用准则

3 术语和定义

下列术语和定义适用于本标准。

3.1 轮作

在同一块土地上有计划地按一定顺序轮换种植饲料作物生产优质饲草的方式。

3.2 免耕

播种前简单处理茬地,不采用耕翻措施,在饲料作物生育期间不使用农具、机械进行土壤管理的耕作方法。

4 产地选择

4.1 地块选择

选择适合种植青贮玉米、饲用黑麦并能刈割利用的土地。

4.2 环境要求

土壤环境质量应符合 GB 15618 的规定,农田灌溉水质量应符合 GB 5084 的规定,且地块平整、排灌方便、耕层深厚、疏松肥沃。

5 品种选择

选择适合当地环境条件、适宜轮作的青贮玉米、饲用黑麦品种,并采用经过授权检验部门认证的合格种子。按 GB 25882 和 GB 6142 的规定执行。

6 整地

对前茬地进行耕翻、整平、耙细,土壤条件较好的耕地可实行免耕措施。

7　施肥

可施用农家肥或复合肥作为基肥，农家肥施肥量为 20 000~30 000 kg/hm^2，复合肥450~600 kg/hm^2。

8　播种

8.1 播种量

饲用黑麦的播种量根据播期和播幅确定，适播期内窄幅条播60~120 kg/hm^2，宽幅条播150~225 kg/hm^2；适播期外每提前或推后1天，减少或增加播量7.5 kg/hm^2。青贮玉米播种量45~60 kg/hm^2，一般地力的农田种植密度为5.5万~6.0万株/hm^2，肥沃的农田、高水肥田块6.5万~7.5万株/hm^2。

8.2 拌种

播种前将饲用黑麦、青贮玉米的种子用复合肥、细沙以及防治地下害虫的农药进行拌种。

8.3 播期

选择青贮玉米、饲用黑麦的最佳播种时间。饲用黑麦的适播期为10月1~20日，适播的平均气温为16~18℃；青贮玉米的适宜播种期为6月1~15日。

8.4 播种方式

人工或机械播种，条播或穴播。饲用黑麦采用机械条播，行距14~20 cm；宽幅条播的，行距22~27 cm。青贮玉米等行距种植，行距40~50 cm；宽窄行种植的，宽行距为65~75 cm，窄行距为30~50 cm。

8.5 播种深度

饲用黑麦的播种深度为3~5 cm，青贮玉米的播种深度为4~6 cm。

9 田间管理

苗期应人工锄草或用化学药剂除草。注意田间病虫害，及时进行病虫害防治。

第三章

青贮玉米收获关键技术

第一节　推进青贮玉米机械化收获

一、适宜收获时期的确定

玉米成熟需经历乳熟期、蜡熟期、完熟期三个阶段。玉米与其他作物不同,籽粒着生在果穗上,成熟后不易脱落,可以在植株上完成后熟。完熟期是玉米籽粒的收获期,制作青贮饲料时,可适当提早到乳熟期末期或蜡熟初期收获。

1. 收获籽粒适宜收获期的确定

掌握玉米的收获期,是确保玉米优质高产的关键。若乳熟期过早收获,则植株中的大量营养物质正向籽粒中输送积累,籽粒含有45%～70%的水分,收获的玉米籽粒晾晒会费工费时,晒干后千粒重大大降低。据试验,乳熟期收获籽粒可减产20%~30%,且品质明显下降。完熟期后若不收获,则玉米茎秆的支撑力降低,植株易倒伏,倒伏后果穗接触地面易引起霉变,也易遭受鸟虫危害,使产量和质量造成不应有的损失。

玉米是否进入完全成熟期,可从其外观特征上看。进入完熟期的玉米,植株中下部叶片变黄,基部叶片干枯,果穗及包叶都变成黄白色、松散,籽粒变硬,并呈现出本品种固有的色泽。具体标准如下:

一看籽粒乳线的位置。在玉米籽粒灌浆充实的过程中,从籽粒胚的背面可以看到籽粒的颜色从顶部向基部由深变浅,其中有一条明显的界线,称为乳线。当乳线处于距顶部1/3的位置收获时,减产10%左右;当乳线处于籽粒1/2的位置时收获,减产3%左右,水分高、不易晾晒,易霉变。当乳线逐渐消失、水分降低后收获时,经济效益可达最大值。

二看叶片。叶片干枯,苞叶枯黄蓬松,籽粒水分迅速下降。

三看果穗。在茎秆直立、果穗不掉的情况下,收获越迟,籽粒水分越低,越省工。

玉米收获籽粒,籽粒黑层出现、籽粒乳线逐渐消失、苞叶干枯蓬松表明籽粒已经成熟,这时可以收获了,通常在玉米授粉后50天左右。如果在田间直接机收籽粒,则籽粒水分低于25%时可以开始收获。最佳机械收获期是籽粒水分低于20%，不仅产量高，而且品质好，效益最大。

2. 全株青贮玉米适宜收获期的确定

青贮玉米收获期的选择是决定其营养价值的关键因素。青贮玉米的适宜收获期比粮用籽粒玉米要早，一般在授粉结束后45天，籽粒的乳线达到1/4～3/4位置时的乳熟中后期收获。这一时期全株青贮玉米的含水量为65%～70%，比较适宜制作青贮饲料。一些晚熟的青贮玉米品种，在籽粒乳熟末期至蜡熟初期收获主要是追求鲜物质产量，但往往造成青贮饲料感官质量较差、营养含量大幅度降低。为了调制优质青贮饲料，这类青贮玉米适宜在蜡熟初期或蜡熟中期收获，可使籽粒沉积更多的淀粉，并提高全株干物质的含量。有时为了提高青贮饲料中的淀粉含量和干物质含量，选择在玉米籽粒乳线或掐不动部分达到2/3～3/4时收获，这一时期青贮玉米全株干物质含量一般达30%～32%。当机械化收获时，玉米籽粒乳线达1/2以上就可以开始收获，一般需用可把籽粒破碎的专用收获机械。如果收获机械的籽粒破碎功能差一些，不能达到要求，收获期可以适当提前，一般籽粒乳线达到1/3以上就可以收获，这时全株干物质含量一般可达到28%以上。全株玉米青贮是带穗青贮，为了防止大段玉米出现，收获时要尽可能切碎切短，长度尽可能在1 cm以下。

二、青贮玉米机械化收获的重要性

目前，青贮玉米种植面积发展很快。但是，青贮玉米收获主要依靠人工，劳动强度大，生产效率低下，严重影响青贮玉米及时收获入窖，品质得不到保证，严重制约畜牧业快速发展。青贮玉米机械化收获有利于推动畜牧业和循环农业发展，可以有效缩短收获时间，大幅度减轻劳动强度，节约收获成本，是一项节本增效、确保青贮玉米保质保量收获入贮、促进农民增收的重要措施。为了切实提高青贮玉米收获的机械化水平，推动畜牧业发展，促进农民增收，应大力推广青贮玉米机械化收获技术。

三、推进机械化收获的措施

推进青贮玉米机械化收获，提高机械化收获的水平，实践证明的有效路径和方法是"引进试验示范，重点突破，确保效益"。选择青贮玉米种植大县建设青贮玉米机械化收获示范区，以典型示范推动机械化收获新技术的突破，进而整体推进，全面普及。

一是落实累加补贴政策，加大补贴力度。根据青贮玉米收获机械购置一次性投入较大的实际，落实有关补贴政策，对购置青贮玉米收获机械的农民、农机合作社、农场给予补贴。通过青贮玉米收获机械补贴，确保农民买得起、用得上。

二是开展收获机械现场观摩。通过组织青贮玉米收获机械推广现场会，让种植青贮玉米的大户、农机大户、农机合作服务组织现场观摩，使他们看到机械收获节省劳动力、减轻劳动强度、节约时间等优越性，调动他们购买和使用机械的积极性。

三是搞好培训工作。新机具能否充分发挥效能，取决于农机操作手的操作水平和维护技能。在推荐机型、进行累加补贴的同时，要强化操作手的操作技能培训工作，确保农户、农场买得起，用得好，有质量，有效益。在培训方法上，可以采用多种形式，如售前培训、安装调试培训、实地作业培训等。组织技术人员协同生产厂家的服务人员搞好跟踪服务，确保新购置的收获机械发挥效能。

四是搞好机收作业补贴。青贮玉米种植密度大，产量高，收获机组负荷较大。为确保青贮玉米收获机械的推广应用，有条件的地方可以列出专门资金用于青贮玉米收获机械作业补贴，以促进机械化水平的提高。

第二节　青贮玉米全程机械化高效栽培与收贮技术操作规程

1　范围

本标准规定了青贮玉米高效栽培、收获运输与青贮饲料贮存、取用等主要环节的机械化作业要求与技术规范。

本标准适用于青贮玉米种植和青贮饲料规模化生产区的机械化生产作业。其他高秆青贮饲料作物种植和制作青贮饲料的机械化生产作业可参照执行。

2　规范性引用文件

下列文件对于本文件的应用是必不可少的。凡是注日期的引用文件，仅所注日期的版本适用于本文件。凡是不注日期的引用文件，其最新版本（包括所有的修改单）适用于本文件。

GB 4404.1　粮食作物种子　第1部分：禾谷类

GB/T 6971　饲料粉碎机试验方法

GB/T 5262　农业机械试验条件测定方法的一般规定

NY/T 503　单粒（精密）播种机　作业质量

NY/T 1355 玉米收获机 作业质量

NY/T 1409 旱地玉米机械化保护性耕作技术规范

NY/T 2696 饲草青贮技术规程 玉米

3 术语和定义

下列术语和定义适用于本标准。

3.1 留茬

青贮玉米收割后，地面上留下的短茎和根。

3.2 切短长度

青贮玉米由收获机械或秸秆粉碎机切成碎段后的秸（茎）秆轴向长度。

3.3 切短长度一致性

青贮玉米切成碎段的长度，符合青贮玉米长度分布率标准的程度。

3.4 籽粒破碎率

青贮玉米由收获机械将籽粒破碎的数量占样本籽粒总量的百分率。

3.5 切段断面斜角

青贮玉米切段，实际切断面与其轴线的垂直端面所成的夹角。

3.6 切段缠结

青贮玉米切段与切段之间未完全断离，仍有茎秆皮层连接。

3.7 收获总损失率

青贮玉米收获过程中，由于切割、切碎、抛送所造成的叶片、茎秆和籽粒的质量损失百分率。

4 耕整地作业

4.1 应根据当地的种植模式、农艺要求、土壤条件和地表秸秆覆盖状况，选择耕整地作业机械、作业方式与作业时机。

4.2 深松作业宜在秋季或春播前进行，一般每隔3年进行一次。深松应能打破犁底层，且不小于25 cm。深松作业宜采用大中型拖拉机牵引，拖拉机功率应根据不同耕深、土壤比阻选配。深松机具的耕作幅宽应与拖拉机的轮距相匹配。

4.3 底肥深施，可采用先撒肥后耕翻或边耕翻边施肥的方式。肥料撒施应均匀，施肥量应符合当地农艺要求。

4.4 春季种植青贮玉米应在前茬作物收获后，适时进行秸秆粉碎、灭茬、深耕作业，宜采用多功能联合作业机具进行联合耕整地作业。深耕深度应不小于18 cm。

4.5 夏播青贮玉米,前茬小麦收获宜采用带有茎秆切碎机构的联合收割机进行作业,留茬高度应不大于18 cm,小麦秸秆切碎长度应不大于15 cm。

5 播种作业

5.1 根据区域生态条件,选用当地已区试推广、具有良好适应性和生产性能,通过国家或省级审定的稳产高产青贮玉米品种,种子质量应符合 GB 4404.1 的规定。

5.2 根据品种特性、土壤肥力、水分条件、光照条件和地形等因素合理确定种植密度。春播青贮玉米的种植密度宜为 67 500~75 000 株 /hm², 夏播青贮玉米的种植密度宜为 75 000~82 500 株 /hm²。

5.3 根据青贮玉米产量目标和地力水平进行测土配方施种肥,且与播种同时进行。肥料应施在距种子侧下方5~6 cm 处。

5.4 宜采用精量播种方式,可采用机械式精量播种机和气力式精量播种机进行作业。采用单粒(精密)播种时,作业质量应符合 NY/T 503 的规定。

5.5 春播青贮玉米适宜播期为当地 8~10 cm 土层的地温连续3日稳定在8℃以上。夏播青贮玉米应在前茬小麦收获后适时播种。应根据青贮玉米生育期,控制青贮玉米最晚播种时间。

5.6 春播和夏播青贮玉米播种行距均为40～60 cm，等行距平作。

5.7 保护性耕作地区机械化作业技术规范应符合 NY/T 1409 的规定。

6 田间管理作业

6.1 中耕施肥作业

6.1.1 在青贮玉米拔节或大喇叭口期，采用高地隙中耕施肥机具进行中耕追肥机械化作业，完成开沟、施肥、培土、镇压等工序。

6.1.2 施肥量应根据土壤肥力、产量水平和肥料养分含量等情况来确定。

6.1.3 中耕追肥作业机具应具有良好的行间通过性能，无明显伤根，伤苗率小于3%，追肥深度为5～10 cm，追肥部位在植株行侧10～20 cm，肥带宽度3～5 cm，无明显断条，施肥后覆土严密。

6.2 病虫草害防控作业

6.2.1 根据当地青贮玉米病虫草害的发生规律，在苗期、穗期和花粒期合理选用农药品种及用量，采取综合防治措施进行防治作业。

6.2.2 在青贮玉米出苗前或播种的同时,喷洒除草剂进行封闭除草作业。未封闭除草或封闭失败时,应进行苗后化学除草作业。苗后化学除草作业应在青贮玉米3~5叶期进行。

6.2.3 在青贮玉米生育中后期,种植面积较大的地块宜采用自走式高架喷杆喷雾机或农用航空施药机械进行机械施药防治病虫害。

6.2.4 在风大、易倒伏地区和水肥条件较好、生长偏旺、种植密度大、品种易倒伏的地块,根据需要喷施生长调节剂进行化学调控作业。

6.2.5 植保作业应严格执行相关农药安全使用规范,提高药液喷施的均匀性,提高农药利用率和病虫害防治效果。

6.3 灌溉作业

根据青贮玉米生长阶段和种植地区降雨情况,适时进行灌溉。灌溉可结合施肥一同进行。

7 收获作业

7.1 作业时间

青贮玉米收获时间为乳熟末期,植株含水量65%~70%、籽粒乳线在1/2时为适宜收获期。

7.2 作业质量

7.2.1 整株青贮玉米秸秆根部切割面平整，无撕扯现象。

7.2.2 青贮玉米收获留茬高度在20 cm以下，忌带泥土和根。

7.2.3 只有切短功能的机械收获全株玉米的切短长度为2~3 cm，带揉搓功能的机械设备收获全株玉米的切短长度为0.95~1.30 cm。

7.2.4 切短长度一致性应在90%以上。

7.2.5 籽粒破碎率：要用1 L体积的器皿多点多次随机抽样，未破碎玉米籽粒≤4粒/升，且90%以上的破成4瓣以上。

7.2.6 90%以上切段断面斜角应小于15°。

7.2.7 切段间缠结少，切段缠结率小于15%。

7.2.8 切割、切碎、抛送过程中损失少，收获总损失率不大于总产量的2%。

7.3 收获与运输机械

7.3.1 收获机械

根据青贮玉米的种植方式、农艺特点和收获效率要求，选择种类、型号和性能适宜的青贮玉米收获机械，完成青贮玉米的茎秆切割、切短，籽粒破碎等生产环节的作业。

7.3.2 运输机械

在收获机械进行作业的同时，配套青贮饲料运输拖车。拖车的数量根据收获机械的效能、每辆车的运载量与运输距离而定，原则是在尽可能短的时间内将青贮原料运至青贮池。

8 装填与压实作业

8.1 将机械收割、切短、切碎的青贮玉米运输并装填到青贮池，可用铲车层层推匀后压实。青贮玉米原料要逐层装入，用拖拉机或专用青贮压实机等机械压实，青贮池每次装料30～50 cm厚，要完全压实一次。

8.2 装填和压实作业质量应符合 NY/T 2696–2015 的规定。

9 取料作业

9.1 青贮饲料密封贮藏30天以上方可开启取用。

9.2 青贮饲料机械化取用，应根据青贮饲料的湿度、密度、压实程度以及每次取料数量等要求，选择适宜功效的取料机械，规模化牛场一般可选用取料效率10～20 t/h的取料机，规模化肉羊场可选择3～5 t/h的取料机。

9.3 根据饲喂量取用青贮饲料，保持取用面平整，每天取用厚度不能少于30 cm。

第三节　饲料作物机械化收获
作业质量规范

1　范围

本标准规定了饲料作物机械化作业的质量要求。

本标准适用于机械化收获饲料作物作业。

2　规范性引用文件

下列文件中的条款通过本标准的引用而成为本标准的条款。凡是注日期的引用文件，其随后所有的修改单（不包括勘误的内容）或修订版均不适用于本标准。然而，鼓励根据本标准达成协议的各方研究是否可使用这些文件的最新版本。凡是不注日期的引用文件，其最新版本适用于本标准。

GB/T 6971　饲料粉碎机试验方法

GB/T 5262　农业机械试验条件　测定方法的一般规定

3　术语和定义

下列术语和定义适用于本标准。

3.1 留茬

饲料作物机械收割后，地面上残留的植株高度。

3.2 饲草长度

饲料作物由收获机械切割成碎段后饲草所具有的长度。

3.3 饲草长度合格率

饲料作物经机械切碎后的饲草长度，符合加工饲草长度分布率标准的程度。

3.4 破节率

对有秸秆结节的饲料作物，机械收获径向破裂的饲草切段占样本总量的百分率。

3.5 切段断面斜角

饲料作物切段实际切断面与其轴线的垂直端面所成的夹角。

3.6 切段缠结

饲料作物切段与切段之间未完全断离，仍有茎秆皮层连接。

3.7 收获总损失率

饲料作物机械收获过程中，由于切割、切碎、抛送所造成的叶片、茎秆和籽粒重量损失占总收获重量的百分率。

4 质量要求

4.1 整株饲料作物秸秆根部切割面平整，无撕扯现象。

4.2 留茬高度在200～250 mm。

4.3 饲草长度在6～25 mm。

4.4 饲草长度合格率≥90%。

4.5 破节率≥95%，且≥90%以上的切段应破成4瓣以上。

4.6 90%以上的切段断面斜角≤15°。

4.7 切段缠结率≤15%。

4.8 收获总损失率≤2%。

5 试验方法

5.1 试验条件

饲料作物种植的行间距为45～65 cm，收获期植株含水率为65%～70%。在利用机械收获的饲草堆中随机取样，每项测试指标取样数5个，每个样本重量大于100 g。

5.2 含水率测定

按 GB/T 5262、GB/T 6971 的规定进行。

5.3 饲草长度测定

按 5.1 中的取样方法,随机抽取 1 个样本,将样本质量减至 50 g,分拣出茎秆(叶、叶鞘除外)并测量每节长度。统计 6~25 mm 区间内外的茎秆,要求符合 4.3 中饲草长度要求的茎秆重量占样品总重量的 80% 以上。

5.4 饲草长度分布率测定

随机取 5 个样本,每个样本重量为 80 g,将每个样本放入振动筛分机(所用的标准筛如表 1)中,振动 3~5 min,然后称量每层筛的筛上物质量,按表 1 的标准衡量。

表 1　　　　　　饲草长度分布率

标准筛筛面筛孔孔径(mm)	标准筛上饲草质量百分比(%)	备　　注
19.05	<25%	标准筛筛面尺寸为 200 mm × 200 mm,筛孔为冲孔;振动筛分机为 YXZS 型
8.00	40%~50%	
底盘	35%~45%	

5.5 切段缠结率

按 5.1 中的取样方法,随机抽取 1 个样本,将样本重量减至50 g，分拣缠结切段，用下式计算缠结率。

$$\theta = \frac{W_j}{W_g} \times 100\%$$

式中：θ—切段缠结率，%；

W_j—缠结切段重量，g；

W_g—样本重量，g。

5.6 收获总损失率测定

在机械收获饲料作物的地里随机选5个观测点，每个观测点1 m²，收集其中散落的切碎饲草的残留物，称取其重量，并计算重量平均值。同时对饲料作物的亩产量进行计算，在此基础上利用下列公式计算收获总损失率。

$$\eta = 666.6 \times \frac{W_c}{W_z} \times 100\%$$

式中：η—收获总损失率，%；

W_c—每平方米切碎饲草散落的残留物重量，kg；

W_z—每亩地饲料作物总产量，kg。

5.7 留茬高度、破节率及切碎段断面斜角测定

5.7.1 留茬高度测定

在机械收获饲料作物的地里随机选5个观测点，每个观测点1 m²。在每个观测点的四个角选四点测量饲料作

物收割后的植株高度，最后取其平均值，与4.2比较，判定留茬高度是否合格。

5.7.2 破节率及切碎段断面斜角测定

随机选取2个样本，每个样本重量100 g，检测未破节或切碎段断面斜角小于规定值的切碎段，并称取其质量，求其与总重量的百分率。

$$\rho = \frac{W_p}{W_g} \times 100\%$$

式中：ρ—破节或断面斜角小于规定值的切碎段比率，%。

W_p—破节或切碎段断面斜角小于规定值的切碎段重量，g；

W_g—样本重量，g。

6　检验规则

6.1 不合格项目分类

6.1.1 凡不符合本规范4规定的质量要求的项目均称为不合格项目。

6.1.2 不合格项目分类如表2。

表2   不合格项目分类表

不合格项目分类		检测项目
类	项	
A	1	收获总损失率
B	1	饲草长度
	2	破节率
	3	切段断面斜角
C	1	留茬高度
	2	饲草长度分布率
	3	切段缠结率

6.2 判定规则

饲草质量按表3的规定进行判定。

表3   饲草质量判定表

不合格项目分类	质量判定
A	A类项目不合格，则饲料作物机械化收获作业质量不合格
B	B类项目中至少有两项不合格，则饲料作物机械化收获作业质量不合格
C	C类项目都不合格且B类项目有一项不合格，则饲料作物机械化收获质量不合格

第四节　全株玉米袋装青贮饲料生产技术规程

1　范围

本标准规定了全株玉米袋装青贮饲料的定义、生产工艺、贮存、取用和质量鉴定。

本标准适用于全株玉米采用袋式青贮饲料灌装机进行袋装青贮饲料生产。

2　规范性引用文件

下列文件对于本文件的应用是必不可少的。凡是注日期的引用文件,仅注日期的版本适用于本文件。凡是不注日期的引用文件,其最新版本(包括所有的修改单)适用于本文件。

GB/T 6435 饲料水分的测定方法

GB/T 25882 青贮玉米品质分级

3　术语和定义

下列术语和定义适用于本标准。

3.1 青贮饲料

含水量为65%~70%，水溶性糖分含量为鲜重的1.5%以上，可作饲料的青绿植物，经切碎、压缩，在厌氧条件下发酵贮存，可长期保持青绿植物养分的饲料。

3.2 袋装青贮饲料

将青贮饲料原料经机械压缩成型，直接压入塑料袋进行密封贮存的饲料。

3.3 全株玉米青贮饲料

将包括玉米果穗在内的地上植株收获作为原料加工制作的青贮饲料。

4 生产工艺

4.1 袋装青贮饲料的生产工艺如图1。

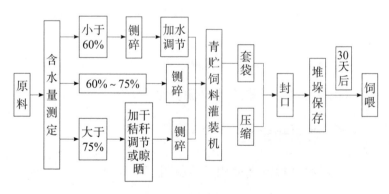

图1 袋装青贮饲料工艺流程图

4.2 原料

4.2.1 原料选择

粮用玉米、粮饲兼用玉米和青贮专用玉米。

4.2.2 原料收贮时间

全株玉米在乳熟期到蜡熟期收获。

4.2.3 原料的切碎

青贮原料要适度切碎，长度视青贮原料的粗细、软硬而定，以 1~2 cm 为宜。

4.2.4 原料水分的控制

青贮原料含水量控制在 65%~75%。水分过高，大于 75%，加干物料调节或晾晒；水分过低，小于60%，加水调节。

原料含水率的测定方法按 GB/T 6435 规定执行。

4.3 包装袋

4.3.1 原料

无毒聚乙烯膜，厚度在 0.08 mm 以上。

4.3.2 规格

包装袋宜选用以下两种规格（长 × 宽 × 高或具有相同体积的圆形塑料袋）：

① 1 000 mm × 305 mm × 205 mm（装约30 kg 物料），

装料封口后物料袋尺寸：600 mm × 305 mm × 205 mm；

②1 250 mm × 455 mm × 275 mm（装约60 kg物料），装料封口后物料袋尺寸：750 mm × 455 mm × 275 mm。

4.4 青贮灌装机械

4.4.1 机械的选择

经过具有相应资质的鉴定部门鉴定合格的青贮灌装机。

4.4.2 机械的功能要求

机械具有成形与压缩部件，压缩形式为机械式或液压式，可移动作业，也可固定作业，压力≥300 kN。压缩部件能将准备好的物料直接压入塑料袋，成形装置边角圆润，套袋方便快捷，袋的破损率小于2%，机器能够连续、稳定作业。

4.4.3 机械规格

视用户的需求而定。

4.5 压缩要求

原料要紧密压实，含水率65% ~ 75%的原料压实密度要≥500 kg/m³。

4.6 操作程序

4.6.1 按4.2的要求准备好青贮原料。按4.3的要求

准备好塑料袋。

4.6.2 启动机器,空运转 5 min。

4.6.3 将相应规格的塑料袋套在成形腔外。

4.6.4 将准备好的铡碎的原料倒满喂料斗。

4.6.5 启动压缩装置,通过成形腔将物料直接压入包装袋。

4.6.6 原料装满包装袋,并达到预定的压实密度,退出成形腔。在原料不产生过量回弹的情况下,包装袋裹紧物料。

4.6.7 夹紧袋口,拿下装满原料的包装袋,封口机封口或人工扎口,口应封严,防止漏气致青贮饲料腐烂变质。

4.6.8 进行下一轮套袋与压缩,重复以上步骤。

4.6.9 将封口后的物料袋放在固定地点贮存、堆垛或进行商品流通。

4.7 袋装青贮饲料的贮存

4.7.1 贮存场地要平整,无尖锐物,能防止牲畜践踏,防禽、鸟、鼠类破坏。

4.7.2 袋装青贮饲料堆垛贮存时,30 kg 的袋不宜超过7层,60 kg 的袋不宜超过5层。

4.7.3 袋装青贮饲料严禁与有毒、有害、有腐蚀性、有挥发性气味的物品混存。

4.7.4 袋装青贮饲料要随时检查包装袋是否有损坏，及时修补漏洞，严防气体进入而致青贮饲料腐烂。

4.7.5 贮存场地要有防火设施。

5 袋装青贮饲料的取用

5.1 封口贮存的袋装青贮饲料，环境温度在10℃以上时，30天后可取用；温度低于10℃时，适当延长发酵存放的时间。

5.2 袋装青贮饲料随喂随取，若一次未喂完，应及时扎紧袋口，防止青贮饲料变质。

5.3 取饲后的饲料袋要保存完好，无漏气处，擦拭干净，袋内无残留物，可用于下一次青贮。

6 质量鉴定

6.1 感观鉴定法（现场评定法）

根据青贮饲料的气味、颜色、质地、结构，通过感观来鉴定品质的优劣，鉴定标准如表1。

表1 全株玉米袋装青贮饲料感观鉴定

等级	气味	颜色	质地、结构
优等	具有芳香酒酸味	黄绿色或青绿色	原料茎、叶保持原状,叶脉及绒毛清晰可见,湿润、松散,柔软不黏手
良好	芳香味弱,稍有酒味和酸味	黄褐色或暗棕色	原料茎、叶基本保持原状,能清晰辨认,柔软,水分稍多或稍干,略带黏性
一般	具有刺鼻的酒酸味	暗褐色	原料茎、叶较难分离,黏性较大

6.2 pH 试纸法

用广泛 pH 试纸鉴定,判定标准如下:

①优等 pH 3.5～4.0(含);

②良好 pH 4.0～4.4(含);

③一般 pH 4.4～5.0。

6.3 化学鉴定法(实验室鉴定法)

袋装青贮饲料的实验室评定主要以化学分析为主,包括 pH(用分析试样制得的提取液,在酸度计上直接测定)、粗蛋白、氨态氮、纤维组分、有机酸含量的测定。

第五节 全株玉米裹包青贮
饲料生产技术规程

1 范围

本标准规定了全株玉米裹包青贮饲料的青贮方式、贮前准备、原料、揉切、添加剂使用、打捆、裹包或密封、贮后管理等技术要求。

本标准适用于全株玉米裹包青贮。

2 规范性引用文件

下列文件对于本文件的应用是必不可少的。凡是注日期的引用文件，仅注日期的版本适用于本文件。凡是不注日期的引用文件，其最新版本（包括所有的修改单）适用于本文件。

GB/T 22141 饲料添加剂：复合酸化剂通用要求

GB/T 22142 饲料添加剂：有机酸通用要求

GB/T 22143 饲料添加剂：无机酸通用要求

NY/T 1444 微生物饲料添加剂技术通则

农业农村部2625号文件公告 《饲料添加剂安全使用规范》

3　术语和定义

下列术语和定义适用于本标准。

3.1　全株玉米

包括玉米果穗在内的地上玉米植株。

3.2　青贮

将青绿饲料原料置于密封的青贮设施设备中，在厌氧环境下进行的、以乳酸菌为主导的发酵过程，导致酸度增加，抑制有害微生物存活，使青绿饲料得以长期保存的调制加工方法。

3.3　裹包青贮

利用机械设备将全株玉米刈割、揉切、打捆，用具有拉伸和黏着性能的薄膜将其缠绕裹包，在密封厌氧环境下进行青贮的一种技术。

3.4　青贮饲料

含水量65%～70%，水溶性糖分含量为鲜重的1.0%～1.5%，可作饲料的青绿植物在适宜的收获期收获，经切碎、压实，在厌氧条件下发酵贮存，可长期保持青绿植物养分的饲料。

3.5　青贮添加剂

用于改善青贮饲料的发酵品质，减少养分损失的添加剂。

3.6 乳熟期

玉米籽粒胚乳呈乳白色糊状的时期。

3.7 蜡熟期

玉米籽粒内容物由糊状转为蜡状的时期。

4 贮前准备

4.1 场地选择

青贮饲料制作与堆放应选择地势高燥、平整、排水系统良好的场地,远离污染源。

4.2 设施检查

根据饲养规模或设施条件初步确定青贮数量,清理青贮场地内的杂物,对相关设施的质量进行检查,如有损坏及时修复。

4.3 机械检修

检修各类青贮用机械设备,使其运行良好。

4.4 材料准备

制作裹包青贮饲料所必需的材料准备充裕。

5 裹包青贮专用拉伸膜的选择

5.1 裹包青贮专用拉伸膜宜选用聚乙烯膜(PE 膜)或

氧阻隔膜（OB膜），禁止使用再生塑料生产的拉伸膜。

5.2 拉伸膜应具有良好的机械特性，特别高的耐穿刺性，足够高的拉伸强度，较高的黏附性，性质稳定，不透明，能抗阳光（紫外线）损伤。

5.3 拉伸膜厚度应不小于25 μm。

5.4 拉伸膜颜色有白、黑、绿三种，因地制宜选用拉伸膜。

6　原料收获条件

6.1 收获期

全株玉米制作青贮饲料的适宜收获时间为乳熟期至蜡熟期。

6.2 留茬高度

全株玉米适宜的留茬高度为15～20 cm。

6.3 含水量

全株玉米收获时的含水量为65%～70%。

7　全株玉米揉切与破碎

7.1 茎秆与叶片揉切

将收割的全株玉米运至青贮场地，用揉搓粉碎机械揉切成丝状、片状的小段。小段长度，用于饲喂羊时

3~5 cm，饲喂梅花鹿时4~6 cm，饲喂牛时4~6 cm。

7.2 籽粒破碎

玉米籽粒破碎至整粒的1/4。

8 添加剂的使用

8.1 可选择性加入促进乳酸菌发酵、保证青贮成功的各种添加剂，宜在全株玉米切碎时喷洒。

8.2 添加剂的使用符合 GB/T 22141、GB/T 22142、GB/T 22143、NY/T 1444 的规定。

9 打捆

处理好的全株玉米青贮原料立即用高密度打捆机打成圆柱草捆。一般大型圆捆的尺寸为：直径100~150 cm，高120 cm，重550~700 kg/捆；小型圆捆的尺寸为：直径55~60 cm，高50~55 cm，重40~80 kg/捆。

10 裹包

打好捆的全株玉米青贮原料迅速转移到裹包青贮机上用青贮专用拉伸膜进行裹包，拉伸膜裹包4~6层。

11 堆放与管理

11.1 裹包后的全株玉米青贮捆可以在自然环境下堆

放，经过42～56天即可完成发酵，成为可饲喂的青贮饲料。

11.2 裹包后圆捆的堆放层数，小型圆捆可堆放2～4层，大型圆捆可堆放1～2层。

11.3 裹包青贮饲料存放在地面平整、排水良好、没有杂物和其他尖物的地方。应经常检查裹包青贮饲料的密封情况，如有破损及时修补。

第六节　全株玉米压块袋装青贮饲料生产技术规程

1　范围

本标准规定了全株玉米压块袋装青贮饲料的生产过程、技术要求、包装、运输、贮存、取用和质量鉴定等要求。

本标准适用于以全株玉米为原料的压块袋装青贮饲料生产。

2　规范性引用文件

下列文件对于本文件的应用是必不可少的。凡是注日期的引用文件，仅注日期的版本适用于本文件。凡是不注日期的引用文件，其最新版本（包括所有的修改单）

适用于本文件。

GB/T 6435 饲料水分的测定方法

GB/T 25882 青贮玉米品质分级

3 术语和定义

下列术语和定义适用于本标准。

3.1 全株玉米

包括玉米果穗在内的地上玉米植株。

3.2 青贮饲料

含水量为60%~75%,水溶性糖分含量为鲜重的1.0%~1.5%,可作饲料的青绿植物经切碎、压缩,在厌氧条件下发酵贮存,可长期保持青绿植物养分的饲料。

3.3 袋式青贮饲料

青贮饲料经机械压缩成形,直接压入塑料袋进行密封贮存的饲料。

3.4 青贮饲料压块

将全株玉米经收割、切碎、晾晒、搅拌等一系列工艺加工后的青贮原料,用压块机压制成长方体青贮原料产品,或是将在青贮窖(池)中制作好的青贮饲料用压块机压制成长方体青贮饲料产品。

4 生产技术

4.1 原料准备

4.1.1 收贮时间

全株玉米收贮时间为乳熟期到蜡熟期。

4.1.2 原料揉切

全株玉米要适度揉切,长度视原料的粗细、软硬而定,一般长度为1~2 cm,含水量为65%~70%。

4.2 压块

4.2.1 压块机的选择

选用具有相应资质的鉴定部门鉴定合格的压块机。

4.2.2 压块机的性能

压块机可移动作业,也可固定作业,压力≥300 kN,可将含水率为65%~70%的物料压制成长×宽×高为120 cm×30 cm×45 cm的长方体且压实密度大于500 kg/m³的青贮饲料原料产品。

4.3 压块机的操作

4.3.1 启动机器,空运转5 min。

4.3.2 将揉切好的全株玉米原料倒满喂料斗。

4.3.3 启动压缩装置,通过成形腔将物料压实成形,重复压缩2~3次,并达到预定的压实密度。在物料不产生过量回弹的情况下，将成形的草块推至成形腔出口。

4.4 装袋

4.4.1 将相应规格的塑料袋套在成形腔出口外，压缩成形的青贮饲料草块通过出口装置推入青贮包装袋。

4.4.2 草块装入袋中后，立即夹紧袋口，拿下物料袋，用封口机封口或人工扎口。口应封严，防止漏气致青贮饲料腐烂变质。

4.4.3 封口后的物料袋外层套一层编织袋，送至贮存地进行贮存。

4.5 贮存要求

4.5.1 贮存场地要平整，无尖锐物，能防止牲畜践踏、防禽、鸟、鼠类破坏。

4.5.2 严禁与有毒、有害、有腐蚀性、有挥发性气味的物品混存。

4.5.3 随时检查包装袋是否有损坏，及时修补漏洞，严防气体进入而致青贮饲料腐烂。

4.5.4 贮存场地要有防火设施。

4.6 取用与饲喂

4.6.1 压块装袋贮存的青贮饲料，环境温度在10℃以上时，应贮存30天后取饲；温度低于10℃时，适当延长发酵存放的时间。

4.6.2 在青贮池(窖)中,已经制作发酵好的青贮饲料压块装袋产品可以直接取用和饲喂。

4.6.3 随喂随取,若一次未喂完,应及时扎紧袋口,防止青贮饲料变质。

4.6.4 取饲后的饲料袋要保存完好,无漏气处,擦拭干净,袋内无残留物,用于下一次青贮。

5 质量鉴定

5.1 感观鉴定法(现场评定法)

根据青贮饲料的气味、颜色、质地、结构,通过感观来鉴定品质的优劣,鉴定标准如表1。

表1 袋式青贮饲料感观鉴定

等级	气 味	颜 色	质地、结构
优等	具有芳香酒酸味	黄绿色或青绿色	原料茎、叶保持原状,叶脉及绒毛清晰可见,湿润、松散,柔软不黏手
良好	芳香味弱,稍有酒味和酸味	黄褐色或暗棕色	原料茎、叶基本保持原状,能清晰辨认,柔软,水分稍多或稍干,略带黏性
一般	具有刺鼻的酒酸味	暗褐色	原料茎、叶较难分离,黏性较大

5.2 pH 试纸鉴定法

可用广泛 pH 试纸鉴定，判定标准如下：

①优等 pH 3.5～4.0（含）；

②良好 pH 4.0～4.4（含）；

③一般 pH 4.4～5.0。

5.3 化学鉴定法（实验室鉴定法）

青贮饲料实验室评定主要以化学分析为主，包括 pH（用分析试样制得的提取液，在酸度计上直接测定），粗蛋白、氨态氮、纤维组分含量、有机酸含量的测定。

具体的测定方法与评定数据指标按 GB/T 25882 规定执行。

第七节　全株玉米田间机械化裹包青贮生产技术规程

1　范围

本标准规定了全株玉米田间机械化裹包青贮生产的条件及要求、操作规程、作业质量与安全事项。

本标准适用于全株玉米田间收获打捆一体化制作裹包青贮饲料的机械作业。

2 规范性引用文件

下列文件对于本文件的应用是必不可少的。凡是注日期的引用文件，仅所注日期的版本适用于本文件。凡是不注日期的引用文件，其最新版本（包括所有的修改单）适用于本文件。

GB/T 25882 青贮玉米品质分级

NY/T 2088 玉米青贮收获机作业质量

3 术语和定义

下列术语和定义适用于本标准。

3.1 全株玉米

包括玉米果穗在内的地上玉米植株。

3.2 全株玉米收获打捆一体化机械

具备一次完成全株玉米切割、喂入、切碎、抛送、打捆等功能的玉米收获、打捆一体化机械。

3.3 裹包青贮

利用机械设备将全株玉米刈割、揉切、打捆等，用具有拉伸和黏着性能的薄膜将其缠绕裹包，在密封的厌氧环境下进行青贮的一种技术。

4 生产条件及要求

4.1 作业地机耕道路应满足收获、打捆、包膜机械和辅助车辆下田作业的要求。

4.2 作业地面积能满足收获作业和辅助作业机械回转的要求；土壤含水率能满足作业机械轮胎或履带不下陷的要求。

5 农艺条件要求

5.1 收获应在玉米乳熟期至蜡熟期，茎秆含水率在 65%～70% 之间。

5.2 玉米植株为不倒伏状态。

6 作业条件要求

6.1 作业前的准备

6.1.1 现场查勘作业地块，地块较大时可划分出几个区域分别进行作业，根据农艺要求制定作业计划、规划作业路线、标识障碍物。

6.1.2 选择合适的作业机械，割台工作幅宽宜覆盖作物种植行数的整数倍。

6.2 机械操作要求

6.2.1 机械操作人员应详细阅读产品使用说明书，熟悉安全注意事项和安全警示标识。

6.2.2 收获打捆一体化机械、包膜机械加注燃油、冷却水和润滑油, 启动机器, 检查操纵杆、制动器、离合器、各紧固部件及润滑部位情况。

6.2.3 按机械产品使用说明书等有效技术规程对机械进行调试, 调试完后进田作业。

7 生产操作要求

7.1 收获打捆

用收获打捆一体化机械收获全株玉米, 并压制成形状规则、紧实的圆柱形草捆。体积较小的裹包青贮圆柱形草捆, 直径 55~60 cm, 高 65~70 cm, 体积 0.154~0.198 m^3, 重 55~70 kg; 大型机械制作的裹包青贮圆柱形草捆, 直径 120~125 cm, 高 120~125 cm, 体积 1.356~1.533 m^3, 重 600~750 kg。

7.2 草捆缠网

当打捆机械完成打捆时, 启动缠网机械, 对草捆缠网, 防止草捆破碎和散落。

7.3 缠膜裹包

打捆机械将草捆从捆仓卸出落地后, 将草捆放到随行的包膜机械上, 用青贮专用塑料拉伸膜裹包, 一般拉伸膜裹包 4~6 层。

7.4 青贮裹包的存放

制作完成的青贮裹包,可以在不影响田间作业和种植的前提下,在田间暂时堆放;有贮存场地时,可以运输到场地进行贮存。

第四章

青贮玉米收获与加工机械安全操作技术

第一节 青贮饲料收获机械安全操作技术规范

1 范围

本标准规定了青贮饲料收获机械作业条件及要求、安全操作、安全注意事项和维护保养。

本标准适用于青贮饲料收获机械作业。

2 规范性引用文件

下列文件对于本文件的应用是必不可少的。凡是注日期的引用文件，仅所注日期的版本适用于本文件。凡是不注日期的引用文件，其最新版本（包括所有的修改单）适用于本文件。

GB/T 4269.1 农林拖拉机和机械、草坪和园艺动力机械 操作者操纵机构和其他显示装置用符号第1部分：通用符号

GB/T 4269.2 农林拖拉机和机械、草坪和园艺动力机械 操作者操纵机构和其他显示装置用符号 第2部分：农用拖拉机和机械用符号

GB/T 6979.1 收获机械联合收割机及功能部件第1部分：词汇

GB 10395.1 农林机械安全第1部分：总则

GB 10395.7 农林拖拉机和机械 安全技术要求第7部分：联合收割机、饲料和棉花收获机

GB 10396 农林拖拉机和机械、草坪和园艺动力机械 安全标志和危险图形 总则

NY/T 1875-2010 联合收割机禁用与报废技术条件

3 术语和定义

下列术语和定义适用于本标准。

3.1 青贮饲料

含水量65%～70%，水溶性糖分含量为鲜重的1.0%～1.5%，可作饲料的青绿植物在适宜的收获期收获，经切碎、压缩，在厌氧条件下发酵贮存，可长期保持青绿植物

养分的饲料。

3.2 青贮饲料收获机械

具备一次或分段完成青贮饲料原料刈割、喂入、揉切、抛送、装车、打捆等功能的收获机械。

4　作业条件及要求

4.1 农艺条件要求

4.1.1 作业地机耕道路应满足收获机械和辅助车辆下田作业的要求。

4.1.2 作业地地表平坦，面积能满足收获作业和辅助作业机械回转的要求，土壤含水率满足作业机械轮胎不下陷的要求。

4.1.3 饲料作物茎秆不倒伏。

4.2 作业人员要求

4.2.1 作业人员应经过操作技能培训和安全教育，并达到规定要求。

4.2.2 机械操作人员应取得相应机型的操作证件。

4.3 作业机械要求

4.3.1 作业机械应按规定办理注册登记，并取得相应的证书和牌照。

4.3.2 作业机械应按规定进行安全技术检验，符合 GB 10395.1 和 GB 10395.7 的要求。

4.3.3 作业机械的安全标志和危险图形应符合 GB 10396、GB/T 4269.1 和 GB/T 4269.2 的要求。

4.3.4 作业机械禁用要求

符合 NY/T 1875 中"4.1 禁用技术要求"之一的，应禁止使用。

5 操作规程

5.1 作业前准备

5.1.1 作业人员应现场查勘作业地块，地块较大时可划分出几个区域分别进行作业；根据农艺要求，制定作业计划，规划作业路线，标识不明显的障碍物。

5.1.2 选择合适的作业机械，割台工作幅宽宜覆盖作物种植行数的整数倍。

5.1.3 作业人员应详细阅读产品使用说明书，熟悉安全注意事项和安全警示标识。

5.1.4 根据作业机械操作说明书要求保养、调整、检查机械，加注燃油、冷却水和润滑油；启动机器，检查操纵杆、制动器、离合器，各紧固部件及润滑部位情况；检查液压油缸、液压齿轮泵等液压系统的工作和密封情况；

检查电气设备和信号装置的工作情况；检查制动系统；接合切割离合器，检查各部件运转和割台升降情况；检查皮带或链条传动以及各连接部位的紧固情况，调整切割器的定刀片和动刀片间隙。

5.2 行驶

5.2.1 在道路上行驶时，应脱开动力挡或分离工作离合器，收割台应提升到最高位置锁定。长距离转移时，应使用机动车运载。引导装卸时，机器正前方、正后方及视野盲区不应站人。

5.2.2 道路行驶或由道路进入田间时，应事先确认道路、堤坝、便桥、涵洞等是否适宜通行；上、下坡或通过桥梁、拥堵地段时，应由辅助作业人员看护通过。

5.2.3 进入田块，跨越沟渠、田埂以及通过松软地带，通行条件不能满足4.1.2时，应使用具有适当宽度、长度和承载强度的跳板辅助行驶。不应在起伏不平的路面上高速行驶。

5.3 操作

5.3.1 启动前，应将主变速手柄置于"空挡"位置，各离合器置于"分离"位置，油门手柄放在"怠速"位置。

5.3.2 正式作业前应试收获，开出作业工艺道。按作业计划和规划路线进行作业。

5.3.3 作业机械和辅助作业机械应直线平行行驶，转弯时停止收割，采用倒车法转弯、兜圈法直角转弯。

5.3.4 作业速度应与机械、技术匹配，收获作业幅宽宜控制在割台宽度的90%以内，喂入量不应超过作业机械的规定值，作业时不应漏割。

5.3.5 作业机械在掉头、转弯、倒车时应升起割台。联合作业机型田间停车和或地头转弯时，应持续保持作业装置动力，待喂入的饲料作物完全切碎排出后，方可停机或切断作业装置动力，以免造成机器堵塞；牵引或悬挂式作业机型田间停车或地头转弯时，应切断作业装置动力。

6 作业质量

6.1 农艺条件符合4.1的要求，作业质量指标符合制作青贮饲料的要求。

6.2 作业服务方和被服务方均有权根据作业条件情况协商修改作业指标，商定作业质量检测方法。

7 安全注意事项

7.1 作业人员应戴工作帽，发辫不外露，穿着带醒目标识的保护服，不应有妨碍安全操作的行为。

7.2 作业机械乘员不应超过核定人数，驾驶室不应放置有碍安全操作的物品，与作业有关的人员须乘坐在规定的位置。

7.3 收获作业机械起步时，应当鸣喇叭或者发出信号，提醒有关作业人员注意安全；辅助作业机械应与作业机械保持安全距离。

7.4 道路行驶或转场时，不应追随、攀爬或跳车。倒车前，应观察周围情况，确认安全，鸣喇叭或发出信号，必要时应有人指挥。

7.5 作业机械不应长时间怠速运转或超负荷作业。技术维护时，应停机，开启制动装置，各控制系统处于"关"或"分离"状态。作业机械未熄火冷却时，禁止加注润滑油或燃油，禁止开启水箱盖。

7.6 作业人员不应靠近或接触运转部件。

7.7 作业中，发生下列情况之一时，应立即停机检查，排除故障方可继续作业。

—收获机械发生堵塞；

—转向、制动机构突然失效；

—有异响、异味，机油压力异常；

—夜间作业时，照明设备发生故障。

8 维护保养

8.1 作业期维护保养

8.1.1 每班次作业完毕后，应进行班次保养。检查润滑油、燃油及冷却水，链条的张紧度，各紧固件的紧固情况，各部件变形、磨损情况，拨禾链活节轴上的开口销是否完整，轴承密封状态。

8.1.2 定期清洗发动机空气滤清器，更换滤清器的机油，检查作业机械各皮带的调节情况，各润滑点按规定加注润滑油，敞开式传动链条应经常润滑。

8.1.3 及时清理作业机械上的泥沙、杂草及各运转部位的缠草，清理割台，定期加注润滑油。

8.1.4 检查各易损件，适时更换调整。

8.2 作业期后保养

8.2.1 彻底清理收获机械内外的泥土、缠草等杂物，检查各部件弹簧，使其不压缩。所有部件的液压缸应处于不工作位置，对各部件进行一次彻底润滑，存放在干燥通风的机库。

8.2.2 排尽油底壳机油、发动机燃油、水箱冷却水，将发动机的加油口、空滤器、排气管口密封包扎；拆下蓄电池，充电后存放在室内，注意保温防冻。

8.2.3 检查磨损、变形的零部件，及时修理更换。

第二节 裹包青贮饲料生产机械
作业安全技术规范

1 范围

本标准规定了裹包青贮饲料生产机械作业时的安全技术要求。

本标准适用于裹包青贮饲料生产机械作业。

2 规范性引用文件

下列文件中的条款通过本标准的引用而成为本标准的条款。凡是注日期的引用文件，其随后所有的修改单（不包括勘误的内容）或修订版均不适用于本标准，然而，鼓励根据本标准达成协议的各方研究是否可使用这些文件的最新版本。凡是不注日期的引用文件，其最新版本适用于本标准。

GB 10395.1 农林机械 安全 第1部分 总则

GB 10395.20 农林机械 安全 第20部分 捡拾打捆机

GB 10396 农林拖拉机和机械、草坪和园艺动力机械 安全标志和危险图形 总则

DL/T 477 农村电网低压电气安全工作规程

3 术语和定义

下列术语和定义适用于本标准。

3.1 裹包青贮

利用机械设备将全株玉米刈割、揉切、打捆,用具有拉伸和黏着性能的薄膜将其缠绕裹包后,在密封的厌氧环境下进行青贮的一种技术。

3.2 打捆机

将收获、粉碎的青贮原料压缩成形的机械。

3.3 包膜机

将压缩成形的青贮原料外层包裹拉伸膜的机械。

4 作业环境安全技术要求

4.1 室内用电设备和电气线路的周围应留有安全通道和工作空间,电器装置附近不应堆放易燃、易爆和腐蚀性物品。

4.2 室内低压线路或室外非架空低压线路不应使用裸线,绝缘层破损、老化或被腐蚀的导线应及时更换,接头等连接部位不应松动,应有良好的绝缘保护。

4.3 电气装置使用前应认真阅读产品说明书,确认其符合使用环境要求后才能使用。电气线路应导电能力良好，绝缘性能可靠。

4.4 永久性架空电力线路应每月检查一次，地埋电缆半年检查一次，绝缘电阻每年测定一次。不符合要求的用电线路应及时检修，不应在架空线路上放置或悬挂物品。

4.5 用电线路及野外作业时的用电安全技术要求，应符合 DL/T 477 中的规定。

4.6 配电箱移动使用时，应采用完整的、带保护层的多股铜芯橡皮护套的软电缆作电源线，同时应装漏电保护器。

4.7 作业厂房内不应堆放易燃、易爆和腐蚀物品，应配备消防器材，作业期间应有专人负责，并配备通信设备。

4.8 作业厂房内容易发生人身安全事故的地方应有安全防护设施，并设有醒目的安全标志，安全标志的型式、构成、颜色和尺寸应符合 GB 10396 中的规定。

4.9 作业厂区附近应设有防护栏杆，并设有醒目的安全标志，安全标志的型式、构成、颜色和尺寸应符合 GB 10396 中的规定。

4.10 作业厂房应保持通风干燥。

4.11 作业厂房内无消防器材、夜间无安全可靠的照明设备时不应作业。

4.12 作业前应勘察道路和作业场地,清除障碍,必要时应在障碍危险处设置明显标志。

5 安全使用技术要求

5.1 打捆部分

5.1.1 打捆设备应按产品说明书进行安装、使用。使用前应进行试运转,试运转合格后才能运行。

5.1.2 测量仪表盘表面清晰、指针灵敏,仪表显示正确。

5.1.3 电器部件的连接线应牢固、安全、接地良好,电线、电缆应无破损,操作按钮和开关灵活、工作可靠。

5.1.4 打捆机组和辅助支架应安装牢固、可靠,制动和保护装置应安全可靠。

5.1.5 运动部件和动力传动部件运转自如,操纵机构灵活、可靠。

5.1.6 运动部件和动力传动部件在正常起动或运转中,可能产生危险的部位应安装防护装置。

5.1.7 打捆机的导向杆、微动开关动作应灵敏可靠,传感部件动作应灵活准确。

5.1.8 打捆机的性能参数符合设计要求,联结牢固、进出料畅通、转动灵活、换向可靠、弹簧松紧适度。

5.1.9 作业结束后，应清理机器内残存的青贮原料，切断电源。

5.2 包膜部分

5.2.1 包膜机应按产品说明书进行安装、使用。使用前应进行试运转，试运转合格后才能运行。

5.2.2 包膜机连接电源，打开控制柜，打开熔断器电源。

5.2.3 包膜机控制面板接通电源后，红色指示灯会亮，人机界面开机，显示设定界面。

5.2.4 设置包膜机参数，按照裹包青贮的要求设置缠绕的圈数、次数、越顶时间、加强圈数。

5.2.5 安装与更换膜卷时，务必按下急停开关。

5.2.6 用手把拉伸膜从膜卷中拉出，固定在需缠绕的托盘上，按下包膜机启动按钮，开始缠绕包膜。

5.2.7 包膜机缠绕包膜完成后，人工或自动割断拉伸膜，覆于托盘青贮包上即可。

5.3 动力部分

5.3.1 动力设备在运行时不得拆卸或打开安全防护装置。

5.3.2 传动装置运行前应做到皮带松紧适宜，接头牢固，联轴器间隙和同心度符合要求；运行过程中传动轴摆角不应超过规定值，传动皮带无打滑跳动现象。

5.3.3 电动机正常工作时，电流不应超过额定电流。如遇电机温度骤升或其他异常情况，应停机排除故障。

5.3.4 电动机外壳接地良好，配备的电缆线较长时，在使用过程中应铺开。

5.3.5 电动机运行应符合 GB 10395 中的规定。

5.4 操作人员

5.4.1 操作者应熟悉和掌握本项作业的安全操作规程，理解危险部位安全标志所提示的内容。

5.4.2 操作者在作业期间应随时监视机械各部件的运行情况及仪表指示信号，不符合安全生产规定或工作现场有安全隐患时应停止作业，排除隐患后才能继续作业。

第三节　压块袋装青贮饲料生产机械作业安全技术规范

1　范围

本标准规定了压块袋装青贮饲料生产机械作业时的安全技术要求。

本标准适用于压块袋装青贮饲料生产机械作业。

2　规范性引用文件

下列文件中的条款通过本标准的引用而成为本标准的条款。凡是注日期的引用文件，其随后所有的修改单（不包括勘误的内容）或修订版均不适用于本标准，然而，鼓励根据本标准达成协议的各方研究是否可使用这些文件的最新版本。凡是不注日期的引用文件，其最新版本适用于本标准。

GB 10395.1　农林机械　安全　第1部分　总则

GB 10395.20　农林机械　安全　第20部分　捡拾打捆机

GB 10396　农林拖拉机和机械、草坪和园艺动力机械　安全标志和危险图形　总则

DL/T 477　农村电网低压电气安全工作规程

3　术语和定义

下列术语和定义适用于本标准。

3.1　压块袋装青贮

将粉碎好的青贮原料用机械压缩成形，装入塑料袋进行密封贮存，完成乳酸发酵过程，长期保存青贮饲料的一种调制方法。

3.2 压块机

将收获、粉碎的青贮原料压缩成形的机械。

4 整机

经过具有相关资质的鉴定部门鉴定合格的青贮饲料压块袋装机。

4.1 铭牌、编号、安全标识齐全,字迹清晰。

4.2 外观整洁,零部件齐全、完好,连接紧固。机架无变形、无脱焊、无裂纹。

4.3 承受载荷的螺栓副强度等级:螺栓不低于8.8级,螺母不低于8级。

4.4 轴承径向间隙不超限,有防尘措施,润滑良好。

4.5 整机无任何能使人致伤的尖锐凸起物。

4.6 最高转速空转30 min,并满足下列要求:

4.6.1 运转平稳,无异常声响和明显振动。

4.6.2 喂入口无回风现象。

4.6.3 各紧固件无松动。

5 压块部分

5.1 机器具有成形与压缩部件,压缩形式为机械式或液压式。

5.2 压块机械可移动作业,也可固定作业。

5.3 压块机械的压力≥300 kN。

5.4 压缩部件能将准备好的物料直接压入塑料袋,成形装置边角圆润,套袋方便快捷,袋的破损率≤2%,机器能够连续、稳定作业。

5.5 机械压缩青贮原料,含水率在65%~70%之间的物料压实密度≥500 kg/m³。

6　机器操作部分

6.1 启动机器,空运转5 min。

6.2 将相应规格的塑料袋套在成形腔外。

6.3 将准备好的青贮原料倒满喂料斗。

6.4 启动压缩装置,通过成形腔对青贮原料进行压缩。

6.5 重复压缩2~3次。在青贮原料压缩达到预定压力、不产生过量回弹的情况下,推出成形腔,装入包装袋,包装袋裹紧物料。

6.6 立即夹紧袋口,用封口机封口或人工扎口,口应封严,防止漏气致青贮饲料腐烂变质。为防止塑料袋破损,可以在外层套上一层编织袋。

7　动力部分

7.1 动力设备在运行时不得拆卸或打开安全防护装置。

7.2 传动装置运行前应做到皮带松紧适宜,接头牢固,联轴器间隙和同心度符合要求;运行过程中传动轴摆角不应超过规定值,传动皮带无打滑跳动现象。

7.3 电动机正常工作时,电流不应超过额定电流。如遇电机温度骤升或其他异常情况,应停机排除故障。

7.4 电动机外壳接地良好。配备的电缆线较长时,在使用过程中应铺开。

7.5 电动机运行应符合 GB 10395 中的规定。

8　操作人员

8.1 操作者应熟悉和掌握本项作业的安全操作规程,理解危险部位安全标志所提示的内容。

8.2 操作者在作业期间应随时监视机械各部件的运行情况及仪表指示信号,不符合安全生产规定或工作现场有安全隐患时应停止作业,排除隐患后才能继续作业。

第五章

青贮饲料调制加工技术

青贮饲料是指水分含量65%～70%的饲草料作物在密封贮存条件下,经过微生物发酵而生产出的一种饲料。青贮调制生产的饲草料,可消化性、营养价值和适口性得到明显改善,是牛、羊的重要饲料之一。更重要的是,青贮可将饲料长期保存,很好地解决了粗饲料"旺季吃不完,淡季不够吃"的问题。

第一节　全株玉米制作青贮饲料技术

利用全株玉米制作的青贮饲料,气味微香,有乳酸香味,无刺激性酸味、腐烂霉味或臭味,色泽呈黄绿色,适口性好。全株玉米青贮饲料是目前我国牛羊养殖户和规模化牛场重要的优质粗饲料来源之一,制作优质全株玉米青贮饲料需要掌握关键技术。

一、全株玉米青贮原料生产技术

优质的全株玉米是制作优质青贮饲料的基础，应选择适宜本地种植的青贮玉米品种。在山东省玉米夏播居多，所以应该选用成熟期较长、生物学产量较高的青贮品种或粮饲兼用型品种，每年9月中下旬至10月上旬能达到收获标准的品种较好。一般选在干物质含量为28%～32%时收获，因为在青贮发酵过程中，适合乳酸菌生长的水分含量是65%～70%。青贮原料的干物质含量对青贮饲料的质量影响很大，水分含量过高，可溶性营养物质易随渗出的汁液流失，影响青贮饲料的效益；同时玉米成熟度不好，营养物质含量较低，导致产酸过多、适口性差，牛羊的采食量降低，降低生产性能。另外，还会造成青贮窖底部积水，影响青贮饲料的品质。水分含量太低，会造成全株玉米青贮原料不易压实，青贮饲料中空气留存过多，易引起发霉变质；从营养角度看，全株玉米中的木质素含量也会过高，饲喂时牛羊的采食量、消化率和利用率会下降。

为保证全株玉米制作青贮饲料的质量，需要对全株玉米的干物质含量进行检测，其中简便实用的检测方法有手挤法和仪器测定法。

（1）手挤法：手工评估全株玉米干物质含量的方法

如表1。

表1　　　　　手挤法评估全株玉米的干物质含量

用手抓取和挤压粉碎的 全株玉米原料	水分含量,%	干物质含量,%
水很易挤出,手握成形	≥80	≥20
水刚能挤出,手握成形	75~80	20~25
只能少许挤出一点水(或无法挤出),但用力握成形	70~75	30~25
无法挤出水,用力握能成形,手打开后慢慢散开	60~70	30~40
无法挤出水,用力握难成形,手打开后迅速散开	≤60	≤40

(2)仪器测定法:使用考斯特烘干炉,对全株玉米的干物质含量进行检测。首先称取100 g粉碎的新鲜全株玉米,样品要具有代表性,置于烘干筛中。将烘干筛放到烘干炉上,烘干45 min后读取数据;然后继续放到烘干炉上烘干,15 min后再读取数据。如果第二次的数据与第一次相同,则该数据即为该样品的干物质含量结果。反复烘干若干次,直到最后的结果与上次的结果相同为止。如果没有考斯特烘干炉,也可以用家用微波炉烘干45 min测定干物质含量,方法与考斯特烘干炉法相同。

二、全株玉米收获技术

全株玉米要制作出优质的青贮饲料，需要掌握科学的收获技术。

（1）留茬高度合理：留茬过低会夹带泥土，泥土中含有大量梭状芽孢杆菌，易造成青贮腐败；同时，玉米根部粗纤维含量过高，牛羊采食后不易消化。留茬过高，青贮产量低，影响农民的经济效益，对下一年的种植积极性也会有影响。适宜的留茬高度为 15～20 cm，同时取决于地面平整情况和青贮干物质情况。

（2）切割长度适宜：切割长度适宜是制作优质青贮饲料的必要条件之一，切割过长不易压实，也影响玉米籽粒破碎。切割过短营养物质易流失，有利于压实，提高贮存密度，但对牛羊反刍会产生影响，切割过短还会造成有效纤维减少，引起瘤胃酸中毒、真胃变位等。适宜的切割长度一般为 0.9～1.7 cm，具体根据全株玉米的干物质（DM）含量确定。当 DM 含量 <28% 时，切割长度可以适当长些，可达 1.7 cm；当 DM 含量为 28%～32% 时，切割长度为 1.4 cm；当 DM 含量为 32%～35% 时，切割长度为 1.1 cm；当 DM 含量 >35% 时，长度为 0.9 cm。为了能适时收割，应定期检查玉米的生长情况，收获前 20 天检测玉米的干物质含量。收获设备应选用对玉米籽粒具有破碎功能和能根据干物质含量调整切割长度的机械。收获机械要带有自动磨刀系统或每日进行磨刀，保持刀刃锋利，调整好碾碎和揉搓功能，控制切割长度在合适范围内，保证玉米籽粒的淀粉暴露，以便于发酵和牛羊消化吸收。

三、全株玉米青贮压实与密封技术

目前，采用全株玉米制作的青贮饲料大都用青贮堆或青贮窖贮存。常见的青贮窖有以下五种类型：①地下壕沟式。易压实，但不易排水，不便于取用。②地上壕沟式（两侧墙）。装料快，易压实，易取用，排水好。③地上平面堆（无墙）。占地面积较大，基础设施投资少，但不便于压实，开窖使用时横切面大，容易产生二次发酵。④塑料膜香肠式。灵活度大，成本低，但需要特殊的设备加工。⑤直立高塔式。压的比较实、饲喂比较方便，缺点是成本高、大型牧场取料速度慢。

青贮窖的容积应根据饲养规模和青贮饲料的取用速度确定。天气炎热或原料较干、压实不紧时，每天取料应尽量多一些。

全株玉米收获、铡短后运至青贮窖，从第一车青贮原料运进青贮窖就应该开始压实，逐层装入青贮窖，分层摊平，分层压实，每层厚度20～30 cm，连续压实，直至装满封窖。压实要尽快,尽量减少青贮原料与空气的接触时间。原料装填的高度要高出窖墙高度,一般不超过100 cm,压实后开始封窖。

青贮窖压实机械可采用轮式铲车或装载机械,也可采用链轨拖拉机,有条件的可以使用青贮饲料压实专用机械。专用机械具有自重大、压实度高的特点,压实后有利于青贮原料发酵,也可以根据实际情况上述机械联合使用。

从青贮原料入窖、装窖、压窖到封窖,时间越短越好。封窖时选用没有破洞的黑白塑料薄膜对青贮饲料进行覆盖,白面向上,以利于阳光反射,降低表面温度,两片膜的连接处至少重叠1米宽。黑白塑料薄膜铺好封严后,用废旧的汽车轮胎压实。一般地,整轮胎压实比分割轮胎压实效果要好。膜上压轮胎时,由于边角处有空隙,容易进空气。为了使青贮饲料压实密封,可使用水袋压实边角,并定时检测青贮饲料的压实情况,压实密度以不小于750 kg/m^{3}为宜。

全株玉米田间收获、加工后应尽快运到青贮窖,压实后及时封窖。24小时内完成收获、加工、运输、压窖、封窖等工作,可减少青贮原料的暴露时间,还能在适宜时间收割。如果不能24小时内完成装窖,每天晚间收工前应用塑料薄膜将已装窖的原料密封,压上重物,防止与空气接触时间过长影响青贮饲料的质量。

全株玉米制作青贮饲料，封窖1~2周。封窖期间应对青贮窖边的轮胎和水袋进行调整，尽量减少青贮饲料与窖墙之间的缝隙，避免空气进入导致霉变。做好排水，压窖时要堆成一定的自然坡度，以便于排水。经常检查窖顶，发现塑料膜有裂缝时及时修补封严。

四、青贮玉米特种青贮技术

全株玉米制作青贮饲料的关键是促进乳酸发酵，自然青贮即利用自然界植物上存在的乳酸菌进行发酵。但是自然界植物上含有的乳酸菌少，只占细菌总数的0.01%~1%，不能在短时间内形成优势菌群，从而不能很快降低 pH。乳酸菌含量少，则预备发酵时间长，增加了营养损失，有时甚至造成发霉腐烂，降低了青贮饲料的品质。选用商品乳酸菌添加剂能大幅增加植物上附着的乳酸菌数量，从而加快青贮饲料发酵，提高饲料品质。同时，商品乳酸菌精选乳酸菌品种或菌株，可调制出品质更好、风味独特的全株玉米青贮饲料。使用添加剂时，应按照产品说明书的用法和用量科学使用。

五、全株玉米青贮饲料开窖取用技术

全株玉米制作青贮饲料，根据气温情况，封窖发酵

30天后可开窖取用。开窖取用前应清除封窖时的覆盖物，以防泥土等杂物混入青贮饲料中。切勿全面打开青贮窖，否则会造成青贮饲料二次发酵，出现腐败变质。开窖后，青贮饲料要连续取用，每天暴露的切面都要取一遍，保持切面平整，最好采用青贮取料机完成作业。当发现顶部或边角处有发霉变质、二次发酵的青贮饲料时，要及时剔除和清理，切勿取用饲喂牛羊，防止采食后中毒或消化不良。

第二节　玉米秸秆制作青贮饲料技术

玉米秸秆是牛羊冬春季的重要饲草料，直接用没有加工的玉米秸秆饲喂牛羊，营养价值低，浪费较大，不利于饲草料的充分利用。玉米秸秆青贮技术，可以充分利用玉米地上部分的绿色茎叶，把茎叶中难以消化吸收的营养成分转化成牛羊容易吸收的成分，提高营养物质的价值。

玉米秸秆在适当的时间收割、切碎、压实，贮存于密封的空间，经过厌氧发酵后成为气味酸香、柔软多汁、颜色黄绿、适口性好的青绿多汁饲料。由于其中含有的能量、蛋白质、维生素和矿物质都很平衡，成为饲养牛羊常年使用的饲草料。由于受到原料来源、收割时间、切割长度、压层厚度、压实程度、日使用量与青贮窖横切面等因素的影响,玉米秸秆青贮后的品质差别很大。

近年来,随着牛羊饲养规模的扩大和单体饲养存栏数量的快速增长,玉米秸秆青贮饲料的年使用量也在成倍增加,使青贮饲料在制作和贮存中不断改进加工工艺、提高原料收购标准、加强生产过程管理,因此每年青贮玉米饲料的品质都在不断提高、加工制作和贮存造成的损失大幅度降低、原料浪费逐步减少。通过常年不间断饲喂优质青贮玉米饲料,牛羊养殖场的生产水平逐年提高,牛羊产品的质量指标稳步上升,牛羊代谢和消化系统疾病的发病率显著降低。玉米秸秆生产青贮饲料包含收获时间、运输控制、切割压实、封顶盖膜和开窖使用等主要环节,需要运用先进技术来提升和改进。

一、收获时间的选择

全株玉米制作青贮饲料的收获时间一般为乳熟后期或蜡熟前期,而玉米秸秆制作青贮饲料则是在收获籽粒后及时收割秸秆,收割、切碎一次性完成。切碎长度以3~4 cm为宜,这样才能保证玉米秸秆青贮产量和总养分含量最大,以及在牛羊体内的消化率高。秋季收获玉米秸秆,玉米秸秆在地里的时间越长,植株的木质化程度就越高,含水量就越低,其中的总养分就越少,制作的青贮饲料可消化率就越低。一般春播玉米夏季收获秸秆制作的青贮饲料能保证全年使用，因此最好不要用秋季的玉米秸秆制作青贮饲料。如果年使用量缺口很大，必须用秋季的玉米秸秆制作青贮饲料，则要确定好收割时间，同时还要在加工过程中注意切割长度和压实贮存时的工艺流程。无论是收割全株玉米还是玉米秸秆，收割的高度都要保持距离地面15~20 cm，避免制作的青贮饲料品质下降。

二、收获、运输过程中的管理

玉米植株在收获后植株细胞仍在进行有氧活动，植株中的碳水化合物易被氧化而释放二氧化碳和能量。如果玉米植株在运输车上停留的时间过长，植株就会因为相互积压而产热，植株和玉米穗的养分就会流失，严重的还会因为高热而霉变，产生难闻的气味。在加工能力不能满足运输需要时，最好停止采收和运输，并把车上的玉米植株散放到通风的地方，严禁互相堆压。及时把采收的玉米植株运输到青贮窖切割，入窖压实，保持厌氧环境供乳酸菌繁殖，是保证贮存后青贮饲料营养损失降低、消化率提高以及风味独特的前提。

从收割玉米植株到入窖压实，整个过程应尽可能控制在10小时以内完成。由于大多数玉米种植地与养殖场的青贮窖之间都有一定的距离，因此组织青贮饲料生产时要合理安排运输车辆、科学配备切割机械和加工人员。

三、切割、压实技术要求

玉米秸秆的切割长度直接影响压实时青贮原料之间的空隙，只有切割长度适宜，才能保证其中的碳水化合物在瘤胃中发酵和在小肠中消化吸收。切割长度因玉米秸秆不同而有差异，收获早的玉米秸秆，切割机滚轴应该调整到4~5 cm，切割长度为3~4 cm；玉米籽粒成熟后收获的秸秆或经历了秋风寒霜的秸秆，在切割时要将切割机滚轴调整到1~2 cm，切割长度不能大于2 cm。

由于切割机的出料口高度和切割时自然环境的影响，尤其是在青贮窖加高封顶时，有些叶片或细碎的秸秆会从切割机的出料口飞到青贮窖外面。必要时可以在青贮窖的边沿增加150 cm高的活动挡板，以减少叶片或细碎的秸秆从出料口飞出去，减少经济损失，也给切割机工作区创造一个良好的工作环境。青贮原料要分层装填与压实，碾压要到边到沿（角）；装填时间宜短不宜长，一个青贮窖的装填时间最长不超过3天。当原料超出窖（池、塔等）口80 cm时便可迅速封实，做成馒头形。距窖四周1米处挖排水沟，防止雨水渗入窖内。日常检查有无塌陷、裂纹，并及时填封，避免进水、进气、进鼠，以免影响青贮质量。压实是把切割的玉米植株积压平实，每一个压实层的厚度维持在25～35 cm。有条件的单位在青贮窖面积容许的情况下，最好用青贮专用压实车进行碾压，尤其是青贮窖的边沿和拐角更要压严压实，一定要人工反复踩压。压实的最终目的是给青贮创造一个良好的厌氧发酵环境，使乳酸菌快速繁殖，产生更多的乳酸，抑制其他细菌和微生物生长。保持青贮窖内的pH 在4.0～4.5之间，自然产热温度为35～40℃，这样48小时后乳酸菌生成的乳酸量最大。有效压实是保证青贮饲料品质优良、提高青贮风味、让乳酸菌充分分解玉米秸秆中的养分以有利牛羊消化吸收、延长贮存时间和防止霉变的重要环节。如果不能很好地压实，厌氧发酵就不充分，青贮窖中的pH 就会升高，其他细菌或微生物的生长繁殖速度就会加快，从而消耗青贮玉米中的营养成分，其代谢成分还会引起青贮饲料酸败霉变，使青贮饲料的品质下降，损失增大，成本提高。

压实过程中，如果有大量水汁流出，表明玉米秸秆收割过早，这些流出的水汁会带走大量营养物质。当玉米秸秆干物质含量为30%～35%时，流出的水汁所带走的营养物质最少；当玉米秸秆干物质含量为25%时，压实时水汁的流出量是干物质含量为30%时的5倍，带走的营养物质是干物质含量为35%时的0.5倍；当玉米秸秆干物质含量为20%时，水汁流出量是干物质含量为30%时的3.3倍，带走的营养物质是干物质含量为30%时的1.6倍。玉米秸秆青贮，理想的压实密度为630 kg/m³。

四、封顶盖膜技术

切割、压实的玉米秸秆青贮饲料要立即封顶盖膜贮存。机械压实时，青贮窖中线青贮要高于青贮窖上沿80 cm，边缘青贮要高于青贮窖上沿30 cm，封顶的青贮窖外观呈宝塔形，坡度不能小于25%。如果没有机械压实，青贮窖中线青贮要高于青贮窖上沿130 cm，边缘青贮要高于青贮窖上沿60 cm，坡度不能小于35%，以便在贮存过程中自然下沉。盖膜前可以在玉米秸秆青贮饲料的顶层撒上粗的大粒盐，不仅可以起到防腐作用，还可以把外界入侵的细菌杀死，提高青贮饲料的品质。开窖使用时，不用把盐去掉，适当减少混合料中食盐的比例即可。如果突然下雨或需要冒雨作业，可以分片封顶盖膜，封顶盖膜的作业面与最近一台青贮饲料取料机的出料口距离不能大于7 m，防止盖膜后青贮窖滑坡，造成顶部下陷而积雨或残留空气。

盖膜大多使用0.15～0.30 mm厚的黑色聚乙烯塑料薄膜，塑料薄膜的宽度要大于青贮窖的宽度，从而使薄膜能沿青贮窖边缘插到青贮饲料内部。边缘要用厚重的物品压住，最好是废弃的汽车轮胎或装沙的袋子，顺着青贮窖上沿依次整列摆放。用这种黑色聚乙烯塑料薄膜封顶，在开窖使用时顶部会有15~25 cm厚腐败的青贮饲料。这是因为黑色薄膜容易吸收热量，太阳照射产生的热量和青贮内部产生的热量上升全部汇聚在这个层面，过高的热量使乳酸降解成丁酸、植物蛋白异常分解成氨及胺类物质，产生难闻的气味和腐烂。目前使用更多的是用PE材料加工成的黑白两色青贮膜，使用时白色面朝外，可以有效反射太阳光，减少热量聚集；黑色面朝内，使内热不外散，有效保持青贮窖内的温度稳定和乳酸菌需要的条件。使用PE材料加工成的黑白两色青贮膜覆盖时，青贮窖顶层有6~12 cm厚的青贮饲料品质仍没有同窖的中下层的品质好，但腐败变质的数量和难闻的气味比单纯使用黑色薄膜有显著改善。

封顶盖膜后的青贮窖要随时检查，看封顶的坡度、盖膜有无漏洞、青贮窖墙体及边角有无裂缝，防止小孩玩耍、动物践踏，同时看下水道口有无老鼠洞、下雨时的排水速度等。玉米秸秆青贮饲料在封顶盖膜35~45天后就可以开窖取用。

第三节　青贮窖建造技术

设计合理的青贮窖是成功制作青贮饲料的先决条件，青贮饲料的质量又会影响畜禽的生产性能，因此要科学设计青贮窖，以满足生产需要，降低生产设施的建造成本。

青贮窖是制作青贮饲料的主要设施，根据青贮窖的建筑形式可以分为地上式、半地上式、地下式和塔式等。地上、地下形式可以减少建设投资，并方便青贮饲料的制作与取用，但防雨效果差，取用时需要爬坡，相对费力；塔式青贮窖防雨效果好，但不方便机械化饲喂，适用于小规模养殖场。目前规模化牛羊养殖场为方便贮存和取用，大都采用地上建筑形式，不仅有利于排水，而且有利于大型机械作业，可以满足短时间内大量贮存青贮饲料。地上青贮窖一般建成长方形槽状，三面为墙体、一面敞开，可以数个青贮窖连体。这种青贮窖结构简单、耐用，并节省用地。

1. 青贮窖的设计

青贮窖的大小要与养殖场的规模相适应，按每天每头牛需要15 kg青贮饲料（不分大小牛），每立方米盛装

500 kg 青贮饲料(实际容量650~700 kg)计算青贮窖大小。青贮窖的高度一般设计为2.0~2.5 m,如果采用机械取料,高度可设计为2.5~3.5 m。

青贮窖的宽度要根据牲畜每天的采食量计算,保证每天所取青贮料的厚度不少于30 cm,以有效抑制霉菌生长。对于大型养殖场,除考虑每天青贮饲料的使用量,还要考虑牵引式或自走式 TMR 设备行走、转弯需要等。设计青贮窖的宽度时要注意,过宽的青贮窖在制作青贮饲料时会影响封窖速度,进而影响青贮质量,一般宽度可设计为6 m,10 m 或20 m。也可以根据饲养规模设计,如百头、千头或万头的规模化养殖场,可以设计为15~20 m 不等的宽度。

青贮窖不要设计得太长,制作青贮饲料时要求在较短的时间内填满一窖,尽快覆盖密封,一般长度为60~100 m,具体长短要根据地形来确定。

2. 青贮窖的墙体

墙体用砖、砭石砌成,或使用混凝土浇筑,墙面要求平整光滑。墙体上窄下宽呈梯形,以利于青贮饲料储备时的碾压,当青贮饲料下沉时也有利于压得更严实。青贮窖的墙体厚度为60~120 cm,硬度为 C 30~C 35,可以上下垂直,也可以建成斜坡,具体依据地形确定,以不裂为原则。

3. 青贮窖的排水设计

青贮饲料进水浸泡会造成霉变腐烂，因此在多雨的地方，青贮窖最好设计成地上式。青贮窖窖口要高出地面10 cm，以防止雨水向窖内倒灌。窖内从里向外做0.5%~1%的坡度，以便液体排出，同时也可以防止雨水倒流。青贮窖窖口要有收水井，通过地下管道将收集到的雨水等排出场区，防止窖内液体和雨水任意排放。如果青贮窖较长，收水井可设在青贮窖中央，从窖口和窖内两端向中央收水井逐渐倾斜，坡度为0.5%~1%。中央的收水井通过地下管道连通，然后集中排出。

4. 青贮窖的供电设计

玉米秸秆收获后要运输到青贮窖，用铡草机铡短、喷入青贮窖。使用铡草机进行现场制作时，需要动力电源，根据青贮饲料生产计划、储备总量、制作加工时间、每天的收储数量、设备每小时的加工能力、设备投入数量、设备耗电情况等设计用电计划。供电采用地下电缆，连接配电柜，配电柜应设在青贮窖窖口靠近墙体的位置。

第四节　青贮饲料安全生产方案

青贮饲料生产是一项快节奏的工作，各个环节应做好人员的数量安排与安全工作。确保工作人员都经过良好的培训，且每个人都休息充足，确保青贮饲料生产中尽可能不发生任何事故和意外伤害。

1.人员安全

疲劳操作容易犯错误，一般每个人每天需要8～9小时的睡眠。任何少于这些时间的睡眠，尤其是夜以继日工作时，会导致身体机能受损，显著降低反应能力。

工作人员要携带水，并且定期休息。保持沟通，当看到危险时要通知其他人。待在运料车或设备上等待，如果要下车，必须通知正在工作的其他人员。

有人员在地面上提醒正在操作机器的人员或者驾驶运料车的司机，沟通到位才能在机器前面或后面行走。除非正在培训，否则严禁多余人员坐在驾驶室。

日落后工作时要保证照明充足。傍晚光线昏暗，路标或机器照明设备不足时，必须使用护卫车辆以降低风险。

确保在公共道路上行驶速度不高于40 km/h的所有拖拉机和机械都贴有"慢速行进车辆"标志。标志必须干净且清晰可见，必须贴在车辆尾部或者中间位置，高于路面0.6～1.8 m。

清理碎屑时一定要完全关闭机器，只切断电源是不行的。

确保工作人员使用适当的个人防护用品，如在嘈杂的地区使用听力护具。

2. 运输安全

全面检查卡车和设备，确保胎压合适，及时更换老化的轮胎。检查所有灯光，确保都能正常使用，每次工作前都要复查。卡车应配备灭火器和安全三脚架或照明弹。

确保道路安全特征符合法定最低标准。用旗子标记车道，确保司机能看到道路的边缘位置。检查常用道路的人员活动情况和其他新状况。给工人提供醒目的衣服或背心，防止发生碾压事故。每天提醒司机和收割机操作人员注意安全，系好安全带，避免不必要的危险。

3. 装窖安全

如果将新的青贮原料添加到旧料中，要标记这两类青贮原料的结合处。因为这个结合处不是内部连接的，非常不稳固，在取料时稍不注意结合区域就会坍塌。在这个区域的任何活动都要格外小心。

避免将新的青贮原料置于已覆盖塑料膜的青贮堆料顶端，否则在取料时会发生顶部滑坡。

青贮堆料的高度不应超过取料设备能到达的最高高度，要告知填窖人员青贮堆料的目标高度。

压实机械应装备翻滚保护系统（ROPS），司机必须系好安全带。压窖翻车的危险是显而易见的，边坡坡度是一个重要的安全考量。要尽可能减小外侧坡度，谨防不牢靠的点。最安全的压实操作是压实机械在压窖时上下行驶，对表面多次碾压，坡度一般不超过3：1。根据实际情况，考虑青贮窖的尺寸和设置，然后决定青贮堆料的高度和坡度，使压实机械在每个部位都能安全行驶。安排经验丰富的操作人员压窖，并对新压窖人员进行必要的操作培训。

使用液压自卸车时，不要在青贮堆上倒车卸料，以防翻车。青贮窖的原料装填区要限制无关人员出入，只有得到许可才可以进入青贮窖装填区域，其他人员应当远离，并在恰当的地方张贴"闲人免进"和"危险"标识，以示提醒。

4. 封窖安全

封窖时，要选派有经验的人员或经过培训的人员，安排好到青贮窖顶部的人员，指定在顶部边缘工作的人员，无关人员要远离青贮窖。

封窖人员要穿防滑的鞋子，做好安全防护，不要在青贮窖顶部嬉笑打闹。

第五节　青贮饲料地面堆贮技术

青贮饲料地面堆贮技术是山东省畜牧总站翟桂玉研究员团队研究熟化和示范推广的一种方便、灵活、投入小、贮存损失小、提高养殖效益的青贮饲料制作新技术，现已成为肉牛、奶牛和肉羊饲养中一种低成本的优质饲草料贮存方式，青贮饲料生产越来越多地使用地面堆贮技术来替代传统的青贮窖青贮技术。

1. 地面堆贮技术

在不透气的平地上(泥地或水泥地)堆放加工切碎后的青贮原料，压紧、覆盖薄膜，四周密封，经过乳酸菌发酵，用于长期保存青贮饲料的技术。

2. 制作方法

(1)原料要求：青贮饲料地面堆贮的原料种类较多，其中禾本科的粮食作物和饲料作物较好。青贮原料整株含水量为65%~68%时适宜收获刈割。

(2)收获机械：收获机械宜采用青贮联合收割机、青贮饲料揉切机或滚筒式铡草机、圆盘式切碎机等机具。

(3)薄膜准备：选用无毒的农用聚乙烯薄膜、醋酸乙酯薄膜等，厚度应大于0.12 mm，比青贮堆的边长长2 m。

或者选用外黑内白的青贮专用薄膜。

（4）压实物准备：完成堆贮后，在青贮堆的四周用适宜的材料压紧，如土袋、沙袋或废旧轮胎等。

（5）场地选择：地面堆贮应选地势较高、地下水位较低、排水方便、无积水、土质坚实、制作和取用青贮饲料方便的地方。

3. 地面处理

为了提高地面堆贮的质量，减少底部青贮饲料的损失和浪费，需要对地面堆贮的地面进行适当处理。

（1）地面硬化：在条件许可的情况下，可以修建水泥地面。修建的水泥地面要比周边地面高 10~20 cm，有一定的坡度，以便于排水。先用混凝土（200 号混凝土）制作底层，混凝土厚 15~20 cm，再在混凝土面上用水泥抹平，并做防水处理。在水泥地面的四周挖排水沟，保证周边不积水。

（2）泥土地面的处理：将泥土地面整平压实，防老鼠打洞，尽量做到一边高另一边低，以利于排水；或者中间高，四周低，在四周挖排水沟，防止积水。

4. 地面堆贮的流程

（1）收获原料：根据原料的适宜收获期，选择合适的收获机械进行收获。收获时，应保证原料茎秆被铡短、籽粒被压碎。根据畜禽需要,将原料铡成1~2 cm的草段。

(2)堆压成形:地面堆贮时,最好在晴天进行。原料切碎后应及时逐层铺好、镇压,尽量缩短加工、铺层、镇压的时间。铺层、镇压后进行一次整堆性镇压,将青贮堆整理成形,表面和四周平整。在铺层、整理过程中应注意,在青贮原料堆的底部四周留1 m左右的地面作密封压实区。

(3)青贮堆大小:地面堆贮的青贮堆可大可小,视饲养规模而定,牲畜数多则青贮堆大。大的青贮堆一般高2~3 m、长30~40 m、宽2~10 m,容量800~1 400 m³,小的青贮堆容量在100 m³以下。

(4)青贮堆密封:将准备好的整块塑料薄膜覆盖在压紧、整平的青贮堆上,在四周基部留1 m左右的薄膜,使薄膜直接接触地面,用宽30~40 cm、厚10~15 cm的泥土压紧、密封。

(5)青贮堆压实:塑料薄膜的外层用彩条布覆盖,在彩条布的上面用沙袋、废旧轮胎等盖压,防止鸟食、鼠害。

青贮堆要定期或不定期进行检查,检查薄膜有无破洞。如有破洞,及时用不干胶封补。一般青贮30天以上可开封取用。

5.地面堆贮注意事项

地面堆贮的尺寸大小更灵活,初期投入小,占地面积大。底部密封结实是地面堆贮的关键，同时四周密封需要有阻氧膜，防止氧气从边缘进入青贮饲料中。制作青贮堆时，坡度不能太陡，不要用拖拉机碾压所有边缘，要有一定的压实次序。用轮胎压塑料薄膜时要按顺序覆盖，防止轮胎从塑料薄膜上滑下来。

第六节　拉伸膜裹包青贮技术

拉伸膜裹包青贮技术是目前世界上先进的青贮技术，在美国、欧洲、日本等发达国家已得到广泛应用。近年来，这项技术在我国也得到了重视、支持和肯定。山东省畜牧总站翟桂玉研究员团队1999年首次自意大利将这一技术引入山东，并率先在苜蓿、黑麦草等饲草调制加工中应用，收到良好的效果。随后该团队不断研究创新，研发出裹包青贮机械装备，形成了应用于全株玉米裹包青贮的技术工艺，实现了这一青贮新技术在全省集成示范，在规模化牛羊养殖场、青贮饲料生产企业、饲草生产经营合作社大规模推广应用，取得了很好的效果。

1. 制作工艺

拉伸膜裹包青贮饲料的制作工艺为：青贮原料收割→切碎→打捆机打捆→缠网→裹包机包膜→青贮草捆→贮存→商品流通或饲喂利用。

2. 机械设备

青贮玉米联合收获机械或青贮机械→青贮原料收集仓或打捆机械的料仓→打捆机(圆捆或方捆),带有捆扎原料的绳网→草捆包膜机,用于青贮捆包膜,包膜后青贮捆完全处于密封状态进行乳酸发酵。

3. 拉伸膜裹包青贮与青贮窖青贮比较

拉伸膜裹包青贮是一种新型的青贮饲料加工方法,可以实现青贮饲料专业化与规模化生产、商品化与产业化经营,大大提高饲料作物或农作物秸秆资源的饲料化利用率,是能够增加优质青贮饲料生产的新技术。拉伸膜裹包青贮与青贮窖青贮相比具有以下优势:

(1)投资少、见效快,综合效益高:拉伸膜裹包青贮无须建设大型贮存设施,主要是机械设备投资,节省了建窖费用和维修费用,降低了青贮饲料的贮存成本、土地占用和劳力使用成本,总体上投资少,收效快。制作和贮存地点灵活,能有效运用现代化多用途机械装备,实现收获、打捆、裹包一体化高效便捷生产。根据青贮原料的种类、收获时间和制作质量,更容易对裹包青贮饲料进行分类,有效提高牛羊的生产性能。

(2)质量优:拉伸膜裹包青贮饲料制作速度快,青贮原料被高密度挤压结实,密封性好,提高了乳酸菌厌氧发酵环境的质量，提高了饲料营养价值，气味芳香，粗蛋白质含量高，粗纤维含量低，消化率高，适口性好，采食量高，青贮饲料利用率可达100%。不仅能饲喂牛羊，还可以替代部分干草饲喂马、驴，拓展了饲喂畜禽的种类。

(3)损失浪费少：拉伸膜裹包青贮饲料的霉变损失、流液损失和饲喂损失均大大减少，一般为2%~3%，而传统的青贮窖青贮各项损失达20%~30%。只要密封完整，一般不会发生二次发酵或霉变。

(4)易于运输，便于商品化：拉伸膜裹包青贮饲料包装适当，体积小，密度高，易于运输和商品化，保证了大中型奶牛场、肉牛场、山羊场、养殖小区等现代化畜牧场青贮饲料均衡供应和常年使用。企业可根据各自情况随时随地安排生产，且贮量因需而异。

(5)减少了环境污染：拉伸膜裹包青贮饲料压实密度高、拉伸膜密封性能好，一般无液汁外流，也不会散发气味。旧的拉伸膜可回收再利用，降低了对环境的污染。

(6)保存期长：拉伸膜裹包青贮饲料压实密封性好，不受季节、日晒、降雨和地下水位影响，可在露天堆放2年以上。

4. 制作、贮存与运输

(1)拉伸膜的选择：制作裹包青贮饲料必须用专用的

拉伸膜将青贮原料紧紧裹包起来，建立青贮原料发酵所需的密封厌氧环境，促进青贮原料内部的乳酸发酵更快进行，而且植物细胞的呼吸作用使有机物氧化分解产生CO_2，形成厌氧的酸性环境，促进乳酸菌繁殖，抑制好氧微生物活动，腐败细菌、霉菌繁殖被抑制或停止。专用拉伸膜的颜色以白色或浅色为宜，因为白色更易保持较低的表面温度，深色薄膜在阳光的照射下易聚热，拉伸膜变热，外部空气会渗透进入原料内部，影响厌氧环境的平衡，不利于原料厌氧发酵。拉伸膜宽度以750 mm为宜，不短于500 mm。缠绕时，在50%的拉伸膜重叠的情况下，最多缠绕6层。当搬运装卸次数较多、运输距离较远或堆垛层数较多时，为避免破包或散包，可缠绕8层。

（2）裹包青贮饲料的运输：在搬运和运输拉伸膜裹包青贮饲料时，要小心搬运，避免拉伸膜被戳破。若戳破，应立即用粘贴膜将洞补上。当用夹钳抓爪式草捆提升机装运时，应尽量增大接触面积，均匀分配压力，以免损伤裹包和拉伸膜。

（3）裹包青贮饲料的贮存：裹包青贮饲料的形状和重量过大时，会限制室内贮藏及长距离运输，常在室外露天贮存并多数在产地自用，一般不作商品出售。商品裹包青贮饲料要大小均匀，易于运输、贮存、开包，可随时饲喂牲畜。

裹包青贮饲料堆放的底层清洁、干燥且坚固。在底层先覆盖一层5～10 cm厚的沙砾或碎石。圆形裹包青贮饲料应平整端朝下立面放置，以免保存期间变形。

裹包青贮饲料可露天存放，能抵御雨水侵蚀及风吹。但是为了使青贮饲料能长时间保存和取用方便，即使露天存放，也要尽可能地将裹包青贮饲料从田间移到排水良好且离饲喂点较近的地方贮存。多层码垛存放时，垛间要留有通风口和通道，以便通风和取用；最底层的裹包尽量不与地面直接接触，更要避免水浸。

(4)定期检查：在存放裹包青贮饲料的过程中，要定期检查，保证裹包无破洞、不漏气。发现有破洞时，应及时用粘贴膜封好。

第六章
青贮玉米饲料化产品质量安全评价

第一节 青贮玉米制作青贮饲料 的质量评价方法

1 范围

本标准规定了青贮玉米制作青贮饲料的感官指标、质量指标及质量指标测定方法。

本标准适用于青贮玉米制作青贮饲料质量评定与分级。

2 规范性引用文件

下列文件对于本文件的应用是必不可少的。凡是注日期的引用文件，仅注日期的版本适用于本文件。凡是不注日期的引用文件，其最新版本（包括所有的修改单）

适用于本文件。

GB 10468 水果和蔬菜产品 pH 的测定方法

GB/T 6435 饲料中水分和其他挥发性物质含量的测定

GB/T 20194 饲料中淀粉含量的测定旋光法

GB/T 20195 动物饲料 试样的制备

GB/T 20806 饲料中中性洗涤纤维（NDF）的测定

NY/T 1459 饲料中酸性洗涤纤维的测定

NY/T 2129 饲草产品抽样技术规程

中华人民共和国农业农村部公告第318号 饲料添加剂品种目录

3 术语和定义

3.1 青贮玉米制作青贮饲料

青贮玉米带穗的植株收获、调制、加工后，在密闭条件下通过乳酸菌的发酵作用形成的饲草产品。

3.2 干物质含量

鲜样60℃烘干处理48 h，再于103℃烘至恒重，称得的质量占试样原质量的百分比。

3.3 籽粒破碎率

破碎的玉米籽粒占收获时玉米籽粒的比例。

3.4 pH

青贮饲料试样浸提液所含氢离子浓度的常用对数的负值,用于表示试样浸提液酸碱程度的数值。

3.5 氨态氮

青贮饲料中以游离铵离子形态存在的氮,以其占青贮饲料总氮的百分比表示,是衡量青贮过程中蛋白质降解程度的指标。

3.6 总氮

青贮饲料中各种含氮物质的总称,包括真蛋白质和其他含氮物。

3.7 青贮添加剂

用于改善青贮饲料的发酵品质、减少养分损失的添加剂。

4 技术要求

4.1 感官要求

4.1.1 颜色接近原料本色或呈黄绿色,无黑褐色,无霉斑。

4.1.2 气味为轻微醇香酸味,无刺激、腐臭等异味。

4.1.3 茎叶结构清晰,质地疏松,无黏性,不结块,无干硬。

4.2 物理指标

4.2.1 青贮切割整齐，无拉丝。

4.2.2 玉米籽粒破碎率≥90%。

4.2.3 宾州筛检测上层筛占10%～15%、中层筛占65%～75%、下层筛占15%～30%。

4.3 质量分级

4.3.1 营养指标分级

分级	等级			
	特级	一级	二级	三级
干物质，%	≥32, <38	≥32	≥30	≥28
淀粉，%	≥35	≥32	≥30	≥26
中性洗涤纤维，NDF%	≤40	>40, ≤45	>45, ≤50	>55
酸性洗涤纤维，ADF%	<25	≥25, <27	≥27, <30	≥30
NDF 30小时消化率，% NDF	≥60	≥55, <60	≥50, <55	>50

注：①ADF，NDF和淀粉含量按干物质计。②按单项指标最低值所在等级定级。

4.3.2 发酵指标分级

分级	等级			
	特级	一级	二级	三级
铵态氮/总氮，N%	< 5	≥ 5，< 8	≥ 8，< 10	≥ 10
乳酸，%	≥ 6	≥ 5，< 6	≥ 4.5，< 5	< 4.5
丁酸，%	0	0	0	0

注：①乳酸，丁酸含量按干物质计。②按单项指标最低值所在等级定级。

4.3.3 综合质量分级

青贮饲料综合质量分级以达到技术指标和物理指标要求为基准，同时评定营养指标与发酵指标，其中某一项指标所在的最低等级即为综合质量分级的等级。

4.4 青贮添加剂

对使用的青贮添加剂做相应说明，标明添加剂的名称、数量等。添加剂须符合中华人民共和国农业农村部公告第318号的有关规定。

5 测定方法

5.1 取样方法

青贮饲料分析样品的取样，按照NY/T 2129的规定执行。

5.2 试样制备

青贮玉米青贮饲料化学指标分析样品的制备，按照 GB/T 20195 的规定执行。制备发酵品质指标分析样品时，分别取青贮饲料试样 20 g，加入 180 mL 蒸馏水，搅拌 1 min，用粗纱布和滤纸过滤，得到试样浸提液。

5.3 干物质含量

按照 GB/T 6435 的规定执行。

5.4 淀粉含量

按照 GB/T 20194 的规定执行。

5.5 有机酸含量（乳酸、丁酸、乙酸）

用液相色谱法测定青贮饲料有机酸含量，按照 GB/T 6435 进行。

5.6 中性洗涤纤维含量

按照 GB/T 20806 的规定执行。

5.7 氨态氮含量

按照苯酚—次氯酸钠比色法测定氨态氮含量。

5.8 酸性洗涤纤维含量

按照 NY/T 1459 的规定执行。

5.9 NDF 30 h 消化率

按照 NY/T 1459 的规定执行。

5.10 pH 测定

制备玉米青贮饲料试样浸提液，参照 GB 10468 规定执行。

6　品质判定

青贮玉米制作的青贮饲料样品质量分级指标均同时符合某一等级时，判定所代表的该批次产品为该等级；当有任意一项指标低于该等级指标时，按单项指标最低值所在等级定级。

第二节　青贮玉米中可吸收淀粉含量的测定

1　范围

本标准规定了青贮玉米中可吸收淀粉含量的测定方法。

本标准适用于所有青贮玉米可吸收淀粉含量的测定。

2 规范性引用文件

下列文件对于本文件的应用是必不可少的。凡是注日期的引用文件, 仅所注日期的版本适用于本文件。凡是不注日期的引用文件, 其最新版本(包括所有的修改单)适用于本文件。

NY/T 2129饲草产品抽样技术规程

NY/T 728 禾本科牧草干草质量分级

3 术语与定义

下列术语与定义适用于本标准。

3.1 可吸收淀粉

健康动物胃肠中能够吸收的淀粉及其降解产物的总称。

4 原理

样品经前处理后, 在沸水浴中经耐高温 α- 淀粉酶水解, 使可消化淀粉转化成葡萄糖, 离心, 得上清液, 用葡萄糖试剂盒测定葡萄糖含量(FS)。沉淀后加入一定浓度的氢氧化钾使之溶解, 经葡萄糖淀粉酶作用将其转化成葡萄糖, 用葡萄糖试剂盒测定葡萄糖含量(SS)。将获得的两个葡萄糖含量(FS+SS)相加, 再乘以0.9即换算成可吸收淀粉含量。

5　仪器设备

5.1 离心机

5.2 电热恒温水浴锅

5.3 酸度计

5.4 分光光度计

5.5 电子分析天平（感量0.000 1 g）

5.6 容量瓶（100 mL、1 000 mL）

6　试剂与溶液

除特殊说明外，实验用水为蒸馏水，试剂为分析纯。

6.1 乙醚

6.2 耐高温 α - 淀粉酶（120, 000 U/mL）

6.3 2 mol/L 氢氧化钾溶液

6.4 磷酸盐缓冲液（pH 5.8）

分别称取磷酸二氢钾8.34 g 与磷酸氢二钾0.87 g，加适量水使其溶解，定容至1 000 mL。

6.5 醋酸盐缓冲液（pH 4.4）

分别量取0.2 mol/L 醋酸溶液30.5 mL 及0.2 mol/L 醋

酸钠溶液19.5 mL混匀。

6.6 葡萄糖淀粉酶(100,000 U/mL)

6.7 2 mol/L 盐酸溶液

6.8 葡萄糖试剂盒

7 检测方法

7.1 样品前处理

7.1.1 样品的干燥

抽取青贮玉米样品,并进行烘干处理,烘干样品过40目筛磨碎备用。

7.1.2 样品脱脂

称取烘干磨碎样品2～5 g(精确到0.001 g),置于放有慢速滤纸的漏斗中,用30 mL乙醚分三次洗去样品中的脂肪,弃去乙醚。

7.2 可吸收淀粉含量测定

7.2.1 可吸收淀粉提取及转化

7.2.1.1 上清液部分

取0.5 g试样放入50 mL离心管,加入10 mL磷酸盐缓冲溶液(pH 5.8)和1 mL耐高温 α-淀粉酶,沸水浴30 min,冷却至室温;离心(5 000 r/min,20 min)获得上清液,加入10 mL蒸馏水,洗涤沉淀,离心获得上清液

（该步骤至少重复一次）。

7.2.1.2 洗涤沉淀物部分

将7.2.1.1获得的沉淀物加入6 mL 2 mol/L 的氢氧化钾溶液，室温下振荡30 min，促进沉淀溶解。用2 mol/L 盐酸将pH调至中性，加入5 mL 醋酸盐缓冲液（pH 4.4）和1 mL 葡萄糖淀粉酶，60℃水浴45 min。离心（5 000 r/min，20 min），收集上清液，再用10 mL 蒸馏水洗涤沉淀（该步骤重复两次），离心（5 000 r/min，20 min），获得上清液。

7.2.2 上清液的处理

7.2.2.1 分别将7.2.1.1和7.2.1.2所收集的上清液定容至100 mL 容量瓶中。

7.2.2.2 葡萄糖含量的测定

根据葡萄糖试剂盒以及使用说明书，用分光光度计测定样品中葡萄糖的含量。以蒸馏水为空白管，以试剂盒自带标准液为标准管，把试剂与工作液按一定比例混合，37℃水浴15 min。空白管调零，在505 nm 波长下读取各管吸光度值。

8　测定结果计算

8.1 计算公式

8.1.1 葡萄糖含量计算公式：

$$葡萄糖(mg/L) = \frac{样品管吸光度}{标准管吸光度} \times C_1 \times 180$$

式中：C_1——标准管中葡萄糖的浓度，mmol/L；

8.1.2 可吸收淀粉（DS）含量计算公式：

$$DS = \frac{(C_2 + C_3) \times V \times 0.9}{W} \times 100\%$$

式中：DS——可吸收淀粉含量，%；

C_2——第一次处理上清液（FS）样品中葡萄糖的浓度，mg/L；

C_3——第二次处理上清液（SS）样品中葡萄糖的浓度，mg/L；

V——溶液终体积，L；

W——样品重量，mg。

8.2 结果计算

同一试样取两个平行样测定，其算术平均值作为测定结果，结果保留3位有效数字。

8.3 允许差

三个平行样的测定结果最大允许相对标准偏差为5%。

第三节 青贮饲料霉菌毒素检测技术规程

1 范围

本标准规定了青贮饲料中霉菌毒素酶联免疫吸附检测和高效液相色谱检测的方法、步骤和技术要求。

本标准适用于青贮饲料中的霉菌毒素检测。

2 规范性引用文件

下列文件对于本文件的应用是必不可少的。凡是注日期的引用文件,仅所注日期的版本适用于本文件。凡是不注日期的引用文件,其最新版本(包括所有的修改单)适用于本文件。

GB/T 18980 乳和乳粉中黄曲霉毒素 M1 的测定 免疫亲和层析净化高效液相色谱法和荧光光度法

GB/T 28716 饲料中玉米赤霉烯酮的测定 免疫亲和柱净化–高压液相色谱法

GB/T 28718 饲料中 T2 毒素的测定 免疫亲和柱净化–高压液相色谱法

3 术语与定义

下列术语与定义适用于本标准。

3.1 酶联免疫吸附法（ELISA）

利用抗原或抗体反应原理，将已知抗原吸附在酶标板上，加入酶标记抗体和样品提取液并混合均匀；充分反应后用去离子水洗去多余抗体，再加入酶底物，产生有色物质，最后加入终止液使反应终止；用酶标仪测定酶底物的降解量，参照标准曲线计算试样中的抗原量。

3.2 高压液相色谱法（HPLC）

试样中各组分在色谱柱中的流动相和固定相间的分配系数不同，在色谱柱中运行时，会反复多次吸附—脱附—放出，经过一定柱长后，彼此分离，顺序离开色谱柱进入检测器；产生的离子流信号经放大后，在记录器上描绘出各组分的色谱峰。高压液相色谱法是把流动相改为高压输送，最高输送压力达 3.5×10^4 kPa，色谱柱用小粒径的填料填充的色谱分析方法。

4 酶联免疫吸附技术

4.1 试剂

本标准所用试剂，凡未指明规格者，均为分析纯，水为蒸馏水或同等纯度的水。

4.1.1 甲醇

4.1.2 石油醚

4.1.3 三氯甲烷

4.1.4 无水乙醇

4.1.5 乙酸乙酯

4.1.6 二甲基甲酰胺

4.1.7 四甲基联苯胺（TMB）

4.1.8 Tween-20（吐温 -20）

4.1.9 30% 过氧化氢（30%H_2O_2）

4.1.10 抗 T-2 毒素单克隆抗体与辣根过氧化酶结合物

4.1.11 抗原

霉菌毒素与载体蛋白 – 牛血清白蛋白的结合物。

4.2 ELISA 缓冲液系统

4.2.1 碳酸盐包被缓冲液，pH 为 9.6。配制方法为：称取 1.59 g 碳酸钠（Na_2CO_3），2.93 g 碳酸氢钠（$NaHCO_3$），加水稀释至 1 000 mL。

4.2.2 冲洗缓冲液（简称为 PBS-T）是含 0.05% 吐温 -20、pH 为 7.4 的磷酸盐，配制方法为：称取磷酸二氢钾（KH_2PO_4）0.2 g，磷酸二氢钠（$Na_2HPO_4 \cdot 12H_2O$）2.9 g，氯化钠（NaCl）8.0 g，氯化钾（KCl）0.2 g，吐温 -20 0.5 mL，加水至 1 000 mL。

4.2.3 底物缓冲液是 pH 为 5.0 的磷酸 – 柠檬酸溶液，配制方法为：取甲液 24.3 mL、乙液 25.7 mL，加水至

100 mL 即可。甲液：0.1 mol/L 柠檬酸（$C_6H_8O_7 \cdot H_2O$），即称取柠檬酸19.2 g，加水至1 000 mL；乙液：0.2 mol/L 磷酸氢二钠（Na_2HPO_4），即称取磷酸氢二钠71.7 g，加水至1 000 mL。

4.2.4 底物溶液：取50 μL TMB 溶液（10 mg TMB 溶于1 mL 二甲基甲酰胺中）、10 mL 底物缓冲液、10 μL 30% 过氧化氢混匀。

5 霉菌毒素标准溶液

用甲醇配成1 mg/mL 霉菌毒素贮备液，−20℃冰箱贮存。于检测当天，精确吸取贮备液，用20% 甲醇的 PBS（配制方法同 PBS-T，不加吐温 −20即可）稀释成制备标准曲线所需的浓度。

6 仪器

所有玻璃器皿均用硫酸洗液浸泡，用自来水、蒸馏水冲洗。

6.1 酶标检测仪

6.2 酶标板（40孔或96孔）

6.3 电动振荡器

6.4 电热恒温水浴锅

6.5 具 0.2 mL 尾管的 10 mL 小浓缩瓶

7　测定步骤

7.1 提取

称取 20 g 粉碎并通过 20 目筛的样品，置于 200 mL 具塞的锥形烧瓶中，加 8 mL 水和 100 mL 三氯甲烷 – 无水乙醇（4:1），加塞密封。振荡 1h 后，通过快速定性滤纸过滤，取 25 mL 滤液加入蒸发皿中，置于 90 ℃ 水浴上通风挥干。用 50 mL 石油醚分次溶解蒸发皿中的残渣，洗入 250 mL 分液漏斗中，再用 20 mL 甲醇 – 水（4:1）分次洗涤，转入同一分液漏斗中，振摇 1.5 min，静置约 15 min，收集下层甲醇 – 水提取液。

7.2 层析柱净化

在层析柱下端与小管相连接处塞入约 0.1 g 脱脂棉，尽量塞紧。先装入 0.5 g 中性氧化铝，敲平表面，再加入 0.4 g 活性炭，敲紧。将 7.1 收集的提取液层析净化。

7.3 浓缩备用

将过柱后的洗脱液倒入蒸发皿中，将蒸发皿置于水浴锅上浓缩至挥干。趁热加 3 mL 乙酸乙酯，加热至挥干，再重复一次，最后加 3 mL 乙酸乙酯，冷至室温后转入浓缩瓶中。用适量乙酸乙酯洗涤蒸发皿，并入浓缩瓶中。

将浓缩瓶置于95℃水浴锅上用蒸汽加热，挥干，冷却后用含20%甲醇的PBS定容，供ELISA检测用。

8 ELISA检测

8.1 用霉菌毒素与载体蛋白结合物包被酶标板，每孔100 μL，4℃过夜。

8.2 酶标板用PBS-T洗3次，每次3 min，然后加入不同浓度的标准溶液（制作标准曲线）或样品提取液（检测样品中霉菌毒素含量）与抗体-酶结合物溶液（1∶100）的混合液（1∶1），每孔100 μL。该混合液于使用的前一天配好，4℃过夜，备用，置于37℃的环境1.5 h。

8.3 酶标板洗3次，每次3 min，加入底物溶液，每孔100 μL，37℃ 30 min。

8.4 用1 mol/L硫酸溶液终止反应，每孔50 μL，于450 nm处测定吸光度值。

9 计算

$$霉菌毒素浓度（ng/g）=C \times \frac{V_1}{V_2} \times D \times \frac{1}{m}$$

式中：C—酶标板上所测得的霉菌毒素的量（ng），根据标准曲线求得；

V_1—样品提取液的体积，mL；

V_2—滴加样液的体积，mL；

D—样液的总稀释倍数；

m—样品质量，g。

10　精密度

每个试样称取两份进行平行测定，以其算术平均值为分析结果。

分析结果的相对相差应不大于20%。

11　高效液相色谱测定技术（HPLC）

11.1 试剂

本标准所用试剂，凡未指明规格者，均为分析纯，水为蒸馏水或同等纯度的水。

11.1.1 色谱甲醇

11.1.2 乙腈

11.1.3 石油醚

11.1.4 氢氧化钠

11.2 仪器

11.2.1 高效液相色谱仪配荧光检测器

11.2.2 振荡器（或高速搅拌器）

11.2.3 高速离心机

11.2.4 高压气泵

11.2.5 泵流操作架

11.3 高效液相色谱条件

11.3.1 色谱柱：C18柱，长150 mm，内径4.6 mm，粒径5 um。

11.3.2 荧光检测器：激发波长365 nm，发射波长435 nm。

11.3.3 流动相：乙腈－水（25：75）。

11.3.4 流速：1.0 mL/min。

11.3.5 进样量：20 μL。

11.3.6 柱温：室温。

11.4 标准品溶液的配制

取霉菌毒素标准品，用乙腈稀释成0.5 ug/mL的标准储备液。根据使用需要，准确吸取10 μL、20 μL、50 μL、100 μL、200 μL霉菌毒素标准储备液，置于5 mL的容量瓶中，用流动相稀释至刻度，配成相当于1 ng/mL、2 ng/mL、5 ng/mL、10 ng/mL、20 ng/mL的标准工作液。

11.5 样品前处理

11.5.1 称样预提

称取粉碎并过20目筛的混匀试样5 g，置于50 mL离心管中，加 2 mL 水和 30 mL 甲醇。

11.5.2 匀质提取

将预提液用高速均质器高速匀质（9 500 r/min）5 min，超声提取 30 min。

11.5.3 上清液收集

将匀质提取液离心（6 000 r/min）15 min，收集上清液并移入 250 mL 分液漏斗中。

11.5.4 残留物的再提取

在分液漏斗中加入 30 mL 石油醚，振摇 2 min；待分层后，将下层移入 50 mL 烧杯中，弃去石油醚层。用石油醚重复提取 2 次。

11.5.5 提取液浓缩

将下层溶液移到 100 mL 圆底烧瓶中，减压浓缩至约 2 mL，浓缩液倒入离心管中。烧瓶用乙腈 – 水溶液（1∶4）5 mL 分 2 次洗涤，洗涤液一并倒入 50 mL 离心管中，加水稀释至约 50 mL，6 000 r/min 离心 5 min，上清液供制备测试溶液。

11.6 供试样品溶液的制备

11.6.1 注入

将免疫亲和柱连接于 50 mL 玻璃注射器，准确量取 50 mL 净化测试溶液，注入玻璃注射器。将空气压力泵与注射器连接，调节压力使测试溶液以2~3 mL/min的流速缓慢通过免疫亲和柱，直至2~3 mL空气通过柱体。

11.6.2 冲洗

更换10 mL注射器与亲和柱连接，在注射器中加入10 mL水，调节压力使水以约6 mL/min的流速清洗亲和柱。

11.6.3 洗脱

准确加入4 mL色谱级乙腈洗脱，流速为1~2 mL/min，收集全部洗脱液于玻璃试管中，供检测用。乙腈洗脱时，乙腈分2~4次加入，每次加入后，让甲醇充分浸泡柱子里的凝胶2 min。洗脱后的乙腈溶液，水浴30℃加热吹干。

11.6.4 定容备用

将收集的上清液用10%乙腈定容后上液相色谱仪测定。

11.7 测定

11.7.1 标准曲线制作

精密量取1 ng/mL、2 ng/mL、5 ng/mL、10 ng/mL、20 ng/mL的标准工作液各20 uL，注入液相色谱仪，测定峰面积。以峰面积为纵坐标、浓度为横坐标，绘制标准曲线。

11.7.2 试样测定

精密量取供试品溶液20 uL，注入液相色谱仪，测定峰面积，从标准曲线上读出供试品中相当于霉菌毒素的量。

12　计算

试样霉菌毒素含量计算公式：

$$霉菌毒素浓度\,(ng/g)=C\times\frac{V_1}{V_2}\times D\times\frac{1}{m}$$

$$霉菌毒素浓度\,(ng/g)=C\times\frac{A_1}{A_2}\times V\times\frac{1}{m}$$

式中：C—标准溶液的霉菌毒素浓度（ng/mL）；

A_1—试样中霉菌毒素的峰面积；

A_2—标准液中霉菌毒素的峰面积；

V—试样溶液最终定容体积（mL）；

m—样品质量，g。

测定结果用平行测定的算术平均值表示，计算结果表示到小数点后一位。

13　重复性

在同一实验室由同一操作人员使用同一台仪器完成的两个平行测定结果的相对偏差不大于20%。

第四节 全株玉米制作青贮饲料机械揉搓质量评价技术规范

1 范围

本标准规定了全株玉米机械揉搓粉碎制作青贮饲料的定义、质量要求、主要参数、试验方法、检验规则和评价规则。

本标准适用于全株玉米机械切碎、揉搓粉碎制作青贮饲料的质量评价。

2 规范性引用文件

下列文件对于本文件的应用是必不可少的。凡是注日期的引用文件，仅所注日期的版本适用于本文件。凡是不注日期的引用文件，其最新版本（包括所有的修改单）适用于本文件。

GB/T 13078 饲料卫生标准

GB/T 14699.15 饲料采样方法

GB/T 5667 农业机械 生产试验方法

GB/T 6971 饲料粉碎机 试验方法

GB/T 7681 铡草机 安全技术要求

NY/T 5048 无公害食品　奶牛饲养饲料使用准则

3　术语和定义

下列术语和定义适用于本标准。

3.1 全株玉米青贮饲料

将包括玉米果穗在内的地上植株收获作为原料加工制作的青贮饲料。

3.2 标准长度草系数

经机械铡切和揉搓后，全株玉米茎叶的长度在标准切段长度范围内的比例（2/3～6/5）。

3.3 揉搓

全株玉米经机械加工后，植株纵向分裂成两半以上，且每一半的横截面积小于或等于断裂处横截面积的一半。

3.4 过碎

经机械铡切和揉搓后，全株玉米茎叶最大尺寸小于1/5标准切段长度。

3.5 丝状物比率

秸秆揉搓后，呈丝状的茎秆和叶片的重量占揉搓秸秆的重量的比例。

3.6 超长率

秸秆揉搓生产出的饲草的实际长度超出设定长度2倍的重量占揉搓秸秆重量的比例。

4 质量要求

4.1 原料要求

制作青贮饲料的玉米一般要达到乳熟期至蜡熟期，全株玉米含水率65%～70%，茎叶与果穗无霉烂变质。

4.2 质量要求

全株玉米机械铡切、揉搓粉碎质量指标如表1。

表1　　　　全株玉米机械铡切、揉搓粉碎质量指标

评价项目	计量单位	质量分级指标		
		特级品	一级品	二级品
切段长度	mm	10～15	15～25	10～30
标准长度草系数	%	＞98	＞96	≥95
丝状物比率	%	＞55	＞50	＞45
揉搓率	%	＞98	＞97	＞95
过碎率	%	≤2	≤5	≤6
超长率	%	≤3	≤6	≤7

4.3 全株玉米作为青贮饲料的原料应符合 GB 13078

规定要求。

4.4 全株玉米制作的青贮饲料应符合 NY 5048 规定要求。

5 试验方法

5.1 取样方法

在利用机械对全株玉米进行铡切、揉搓和粉碎的工作状态下，从出料口处间隔 1 h 接取样品三次，每次 1 000 g，混合后用十字交叉法取出 1 000 g 小样计算标准切段长度、标准草长率、丝状物比率、揉搓率、过碎率、超长率。

5.2 标准切段长度 L_c

$$L_c 一般为 10 \sim 15 \text{ mm}$$

5.3 标准草长率 S_c

$$S_c = \frac{G_c}{G_y} \times 100\%$$

式中：G_c——符合标准长度草系数全株玉米的总质量，g；

G_y——小样质量，g。

5.4 丝状物径向最大尺寸 R_s

$$R_s = 2 \text{ mm}$$

5.5 丝状物比率 S_s

$$S_s = \frac{G_s}{G_y} \times 100\%$$

式中：G_s——丝状物质量，g；

G_y——小样质量，g。

5.6 揉搓率 S_r

$$S_r = \frac{G_r}{G_y} \times 100\%$$

式中：G_r——玉米全株被揉成两段以上的重量，g；

G_y——小样质量，g。

5.7 过碎率 S_f

$$S_f = \frac{G_f}{G_y} \times 100\%$$

式中：G_f——加工后碎粉状秸秆的重量，g；

G_y——小样质量，g。

5.8 超长率 S_c

$$S_c = \frac{G_c}{G_y} \times 100\%$$

式中：G_c——在小样中实际长度超出规定长度2倍的长草总重量，g。

6 检验规则

6.1 按全株玉米机械铡切、揉搓和粉碎后的质量水平，分为三个等级：特级品、一级品、二级品。

6.2 不合格项目分类

不合格项目按其对全株玉米机械加工后产品质量的影响程度，分为 A，B 两类，A 类为对产品有主要影响的项目，B 类为对产品有较大影响的项目。不合格项目分类如表 2。

表 2　　　　　　　　不合格项目分类

类别	项目序号	不合格项目分类
A	1	标准草长率
	2	过碎率
B	1	切段长度
	2	揉搓率
	3	超长率
	4	丝状物比率

7　评定规则

检测项目中，当 A 类项目全部合格、B 类项目有 1 项不合格时，作业质量合格；当 A 类出现不合格或 B 类项目出现 2 项不合格时，作业质量不合格。

第七章

青贮饲料添加剂应用技术

为了保证青贮饲料的质量，提高青贮饲料的营养价值，可以在调制过程中加入青贮饲料添加剂。常用的青贮饲料添加剂有营养性、抑菌性和发酵促进性添加剂。

第一节 营养性添加剂的种类与应用

营养性添加剂是用来补齐青贮饲料营养成分，同时改善发酵进程的添加剂。常用的这类添加剂主要有：含氮物质，如尿素、氨、双缩脲；碳水化合物，如葡萄糖、蔗糖、糖蜜、谷类、乳清、淀粉等；矿物质类，如食盐、石粉等。

一、含氮物质添加剂的应用

尿素在瘤胃内能分解出氨，瘤胃中的细菌将其合成微生物蛋白质。据资料介绍，美国每年用作饲料的尿素超过100万 t，相当于600万 t豆饼所提供的氮素。但是，尿素在瘤胃内分解为氨的速度超过微生物利用氨合成蛋白质的速度时，不仅影响尿素的利用率，而且会造成瘤胃内氨的浓度过高，难以转化，引起氨中毒。解决这一问题的有效办法是提高瘤胃的能量供应，使之与尿素的分解速度相适应。将糖蜜、谷类以及矿物质饲料与尿素混合使用，可以起到提供能量和减缓尿素分解的双重作用。青贮饲料尿素的添加量一般不高于0.5%，能提高青贮饲料的粗蛋白质含量（按干物质含量计算）4个百分点。

青贮原料中添加的尿素，通过青贮微生物的作用，在青贮饲料中形成菌体蛋白，提高青贮饲料的蛋白质含量。青贮饲料中添加尿素0.5%时，青贮后每千克青贮饲料增加可消化蛋白质8~11 g。

青贮原料添加尿素，可使青贮饲料的pH、乳酸含量、乙酸含量以及粗蛋白质含量、真蛋白含量、游离氨基酸含量提高。添加尿素增加了青贮饲料的缓冲能力，pH略为上升，但仍低于4.2，有利于青贮饲料的保存；添加尿素还可以抑制开窖后青贮饲料二次发酵，青贮饲料出窖后不易腐败变质。饲喂添加尿素的青贮饲料，能提高干物质的采食量。

青贮饲料中还可以添加磷酸脲，添加磷酸脲比添加尿素可以有效保存原料中的胡萝卜素，提高87.5%，而且青贮饲料的酸味淡，品质好。青贮饲料磷酸脲的适宜添加量为每1 000 kg青贮饲料添加3.5~4.0 kg。

二、可溶性碳水化合物添加剂的应用

青贮饲料制作过程中有足够的乳酸菌，创造了有利于其繁衍的适宜环境，但乳酸菌还需要一定浓度的碳水化合物作为营养，才能保证青贮饲料的质量。青贮原料中一般要求可溶性碳水化合物含量在2%以上（鲜样），如果低于2%，则需要加入一些可溶性碳水化合物，以利于发酵。目前主要用玉米、高粱和禾本科牧草等饲料作物进行青贮饲料生产，这些原料含有足够数量的可溶性碳水化合物来进行乳酸菌发酵。用一些可溶性碳水化合物含量较低的青贮原料制作青贮饲料时，一般将乳酸菌添加剂与少量麸皮等混合制成复合添加剂，既有利于均匀添加，又能起到补充可溶性碳水化合物的作用，也能够使青贮发酵过程快速、低温和低损失，并能保证青贮饲料的稳定性。补充可溶性碳水化合物的添加剂还有糖蜜和葡萄糖。

糖蜜是制糖工业的副产物，干物质含量70%~75%，可溶性碳水化合物含量65%左右，含糖量5%。在含糖量少的青贮料中添加糖蜜，可增加可溶糖的含量，有利于乳酸菌发酵，提高适口性。添加量为每吨青贮饲料45～50 kg。

葡萄糖能直接为乳酸菌提供厌氧发酵的底物，添加量为每吨青贮饲料10～20 kg，效果非常好，但成本高，不适宜大量生产青贮饲料应用。

三、无机盐类添加剂的应用

1. 石灰。青贮饲料中添加石灰，一方面可以调节青贮饲料的酸度，另一方面可以补充畜禽钙的需求。适宜添加量为每1 000 kg青贮饲料中添加石灰4.5～5.0 kg。

2. 食盐。青贮原料中添加食盐可提高原料的渗透压，特别是有利于促进含水量低、粗纤维含量高（占干物质31%～45%）、质地粗硬的玉米秸秆细胞液渗出，有利于促进乳酸发酵，从而提高青贮饲料的适口性、转化利用率和营养价值。

添加食盐时，把大块盐粒粉碎成细末，按青贮原料重量的0.3%～0.5%添加。添加时要在原料上撒匀，顶层可以厚一些，以保证顶层青贮饲料不霉变、不产生二次发酵。饲喂添加食盐的青贮饲料，制作日粮时，要在精饲料中减少食盐的添加量。

3. 微量元素无机盐类。一些微量元素的无机盐类可以在青贮饲料中添加应用，每1 000 kg青贮饲料的适宜添加量为：硫酸铜2.5 g、硫酸锰5 g、硫酸锌2 g、氯化钴1 g、碘化钾0.1 g。

第二节　青贮发酵过程调控添加剂的种类与应用

　　青贮发酵过程调控添加剂主要是对青贮发酵过程发挥调控作用，主要有化学抑制剂、微生物乳酸菌接种剂和酶类添加剂三类。

1. 化学抑制剂

　　为了抑制发酵和有效杀灭青贮饲料原料中的有害菌，如霉菌、腐败菌等，可以添加化学抑制剂，主要有酸类、碱类和醛类物质。化学抑制剂通过抑制不良微生物生长来影响发酵和有氧的稳定性。酸类物质可以选用有机酸或者无机酸，其中以有机酸类为好，如甲酸、乙酸等。在青贮原料中喷洒这些有机酸，可以迅速降低pH，有效保存青贮原料中的营养物质。丙酸和甲酸是最常用的化学抑制剂，可以以酸或盐的形式直接使用。丙酸是腐败菌和霉菌的强效抑制剂，甲酸和甲醛组合在田间直接切碎环节更常用。碱性物质主要以非蛋白类含氮量高的物质为主，如尿素、碳酸氢铵、氯化铵等，在青贮饲料生产中用来抑制酵母和霉菌，同时提高青贮饲料的粗蛋白质含量。

2. 微生物添加剂

青贮能否成功，在很大程度上取决于乳酸菌能否迅速而大量繁殖。青贮原料中天然存在着少量乳酸菌，青贮时加入乳酸菌菌种，可以促进乳酸菌尽快繁衍，产生大量乳酸，降低 pH，从而抑制有害微生物活动，减少干物质损失，获得理想的青贮饲料。山东省畜牧总站翟桂玉研究员团队，在20世纪90年代就开始乳酸菌制剂在青贮饲料生产领域的研究，集成了青贮微生物添加剂生产技术，并不断推进产品产业化。

青贮饲料在自然青贮发酵过程中高度依赖主导发酵过程的微生物乳酸菌，新鲜的青贮原料中乳酸菌数量较少，繁殖速度慢，增殖时间长，大规模青贮时发酵反应效率低。在青贮饲料中添加微生物添加剂，可提高有益微生物的数量，促进乳酸菌繁殖，从而更有效地加快乳酸发酵，迅速降低青贮饲料的 pH，建立青贮饲料长时间贮存的环境条件。同时，微生物添加剂还具有无腐蚀性、无毒性和应用简便等优点。饲喂动物后可以提高动物的生产性能，如产肉性能、产奶性能。在常用的乳酸菌添加剂中，同型微生物添加剂可迅速降低青贮饲料的 pH，保证营养不流失，可减少厌氧阶段有害腐败菌的数量。但是同型微生物添加剂制作的优质青贮饲料，开窖利用时因接触空气，易发生有氧发酵，导致发热，造成养分流失。异型微生物添加剂可以避免有氧发酵产热，降低青贮饲料的养分流失和发霉变质。

3. 酶类添加剂

青贮饲料的酶类添加剂主要是多糖降解酶，以纤维降解酶和淀粉分解酶为主。酶类添加剂在青贮饲料中应用，通过降解多糖，将大分子碳水化合物分解为小分子的糖类，为青贮饲料的微生物生长提供单糖。酶类添加剂可以单独使用，也可同微生物添加剂组合起来制成复合添加剂。酶类添加剂应用于青贮饲料生产，可以显著降低青贮饲料的纤维含量，使用效果与其中酶的含量和酶的活性密切相关。秸秆类饲料纤维、木质素含量较高，使用纤维降解酶不仅可以把纤维物质分解为单糖，为乳酸菌发酵提供能源，而且还能改善饲料消化率。该类型的酶制剂主要包括纤维素酶、半纤维素酶、木聚糖酶、果胶酶以及葡萄糖氧化酶等，后者的目的是尽快消耗青贮容器内的氧气，形成厌氧环境。纤维降解酶和淀粉分解酶在青贮饲料中的适宜添加量为每1 000 kg青贮饲料添加0.5～1.0 kg。

第三节 青贮饲料微生物添加剂的选择

通过系统了解青贮饲料生产过程中微生物的活动和发酵进程，选择有效的调控措施，可以精准调控发酵过程，生产出优质的青贮饲料。从过程控制看，青贮饲料发酵的生化反应可以分为三个阶段，即封窖后青贮原料有氧发酵阶段、封窖后青贮原料无氧发酵阶段和开窖后青贮原料有氧发酵阶段。

一、青贮发酵阶段对青贮饲料质量的影响

1. 封窖后青贮原料有氧发酵阶段

封窖后青贮原料和其中的微生物主要有两种生化反应，一种是以霉菌、腐败菌为主的微生物生化反应，另外一种是植物细胞呼吸生化反应。这两种生化反应会利用青贮原料中残留的空气，产生大量的热、二氧化碳、水、氨气、氢气等，导致青贮原料中的干物质、蛋白质和能量损失，并产生霉菌毒素。如果青贮原料有氧发酵阶段时间过长，很容易产生高温，对有益的乳酸菌产生杀伤，造成全窖青贮饲料霉变。

2. 封窖后青贮原料无氧发酵阶段

当青贮原料中残留的空气全部消耗后，青贮就进入

无氧发酵阶段。在无氧的条件下，各种好氧微生物都被抑制，而厌氧的乳酸菌和梭菌开始生长繁殖。这两种菌是竞争关系，如果梭菌大量繁殖，成为优势菌群，则青贮饲料将形成丁酸发酵，导致青贮饲料腐败变质、气味恶臭，丁酸发酵的青贮饲料不能饲喂牛羊，只能全部废弃；如果乳酸菌大量繁殖，成为优势菌群，则青贮饲料形成乳酸发酵，产生大量乳酸，能快速降低 pH，形成乳酸菌生长繁殖的环境条件。

3. 开窖后青贮原料有氧发酵阶段

青贮原料完成发酵后可以开窖利用，开窖利用的青贮饲料会再次接触空气，进入开窖后有氧发酵阶段。如果空气中的霉菌、腐败菌进入青贮饲料，会出现二次发酵，造成青贮饲料霉变，二次发酵造成的青贮饲料损失通常占整个青贮过程霉变损失的70%以上。

二、青贮饲料发酵阶段微生物调控技术

通过了解青贮饲料发酵阶段的生化反应我们知道，青贮饲料发酵的实质就是有益菌和有害菌的竞争过程。在自然发酵条件下，青贮饲料发酵存在三个方面的问题，一是如何快速消耗空气，减少蛋白质和能量损失；二是如何保证乳酸菌成为优势菌群，遏制丁酸发酵；三是如何避免二次发酵造成的损失。解决这些问题最简单、直接、有

效的办法就是在制作青贮饲料时添加青贮饲料专用微生物添加剂。

　　根据微生物种类和作用不同，青贮饲料微生物添加剂分为乳酸菌前端接种型、乳酸菌后端接种型和多菌属全程接种型三种。

　　(1)乳酸菌前端接种型微生物添加剂：这种微生物添加剂主要是利用植物性乳酸菌进行同型发酵，通过增加乳酸菌的数量，让乳酸菌成为优势菌群，保证青贮乳酸发酵。乳酸菌前端接种型微生物添加剂在无氧生化反应前期起作用，但使用效果受青贮原料的压实密度和原料中杂菌的数量影响很大。如果青贮原料压得不实，残留空气多，温度升高到30℃以上，使用效果会大打折扣。此类产品多为冷冻干燥处理，使用时需要用25～30℃的温水复活菌种，相对比较麻烦。

　　(2)乳酸菌后端接种型微生物添加剂：这种微生物添加剂主要是利用布氏乳杆菌进行异型发酵，将乳酸转变为乙酸和丙酸。乙酸和丙酸是比乳酸更强的霉菌抑制剂，开窖后可以增强青贮饲料的有氧稳定性，减少二次发酵。乳酸菌后端接种型微生物添加剂的使用效果受前期乳酸菌所生产的乳酸数量影响很大，如果青贮饲料中前期所产生的乳酸数量不足，则会影响这类添加剂的应用效果。建议在青贮饲料生产中将异型微生物添加剂与同型微生物添加剂配合使用，会取得较好的效果。

（3）多菌种复合全程接种型微生物添加剂：这种微生物添加剂是将枯草芽孢杆菌、酵母菌和乳酸菌三种不同菌属的有益菌采用定向梯次发酵技术制成复合型微生物添加剂。在青贮饲料封窖后的有氧发酵阶段，好氧的枯草芽孢杆菌和兼氧的酵母菌快速消耗残留的空气，抑制霉菌和腐败菌生长，最大限度地减少蛋白质和能量损失，同时为乳酸菌创造厌氧环境和适宜的生长温度；在青贮饲料封窖后的无氧发酵阶段，高活性的乳酸菌快速成为优势菌群，24小时内将 pH 降低到4以下，使青贮饲料进入乳酸发酵阶段，同时酵母菌分解葡萄糖，产生大量乙酸；在开窖后的有氧发酵阶段，无氧发酵阶段产生的大量乙酸会抑制和杀死侵入青贮饲料中的霉菌和腐败菌，提高青贮饲料的有氧稳定性，避免二次发酵造成的霉变损失。多菌种复合全程接种型微生物添加剂使用方便、效果稳定，是理想的青贮饲料微生物添加剂。

运用微生物添加剂将青贮饲料的发酵过程从不可控变成可控、从不定向性变成定向性，实现了青贮饲料发酵过程的精准调控，可以在提高青贮饲料质量的同时，降低生产成本，从根本上解决青贮饲料生产中的营养损失、产品废弃损失和饲喂动物损失等。

第八章

青贮饲料高效利用技术

　　青贮饲料广泛用于奶牛、肉牛、羊、猪和鹅养殖，不仅能保证青绿多汁饲料的有效供给，而且可以显著提高畜禽的生产性能，降低畜禽养殖成本，增加畜牧养殖的效益。

第一节　奶牛精准饲喂利用技术

一、青贮饲料的饲喂量

　　奶牛生产中青贮饲料主要用于饲喂成年牛，饲喂量与成年母牛体重、产奶量和生长发育期密切相关，根据体重、产奶性能和生长发育期等确定奶牛的青贮饲料日饲喂量。

　　体重500 kg、日产奶量25 kg以上的泌乳牛，每天可饲喂青贮饲料25 kg、干草5 kg左右；日产奶量超过30 kg的泌乳奶牛，饲喂青贮饲料30 kg、干草8 kg左右。

体重350～400 kg、日产奶量20 kg左右的泌乳奶牛，可饲喂青贮饲料20 kg、干草5～8 kg。

体重350 kg、日产奶量15～20 kg的泌乳奶牛，可饲喂青贮饲料15～20 kg、干草8～10 kg。

日产奶量15 kg以下的泌乳奶牛，饲喂青贮饲料15 kg、干草10～12 kg。

奶牛临产前15天和产后15天内应停止饲喂青贮饲料。干奶期的母牛每天饲喂青贮饲料10～15 kg，适量补充干草。育成牛的青贮饲料饲喂量以少为好，最好控制在5～10 kg。犊牛应当少喂或不喂。

二、青贮饲料的饲喂方法

为提高奶牛饲喂青贮饲料的效益和青贮饲料的利用率，饲喂时应注意以下问题。

（1）渐进增量：奶牛饲喂青贮饲料时，初期应少喂一些，以后逐渐增加到足量，让奶牛有一个适应过程。切不可一次性足量供给，防止供给量过大，采食不尽，造成浪费；同时防止奶牛食入青贮饲料过多，造成瘤胃内的青贮饲料过多，酸度过大，影响奶牛正常反刍、采食和产奶性能。

（2）酸度调节：奶牛饲喂青贮饲料，应及时添加碱性添加剂，如小苏打等，以调节奶牛瘤胃内的 pH，防止瘤胃酸度过大，pH 过低。可在精料中添加 1.5% 的小苏打，以促进胃肠蠕动，中和瘤胃内的酸性物质，升高 pH，增加采食量，提高消化率，增加产奶量。

（3）全混合日粮饲喂：为提高青贮饲料的利用率和饲喂效益，可以将青贮饲料、干草、精饲料等按比例配制，利用全混合日粮混合机械制作成全混合日粮饲喂奶牛，避免奶牛挑食，提高饲料的利用率、转化率和奶牛的生产性能。

（4）多餐饲喂：每日早、晚两次饲喂青贮饲料，存在增加奶牛瘤胃负担、影响奶牛正常反刍次数和时间等问题，会降低饲料的转化率以及奶牛的产奶量和乳脂率。一日多次饲喂效果更好，一般每天饲喂 3 次或 4 次。每日多次饲喂能增加奶牛的反刍次数，奶牛反刍时产生并吞咽的唾液，有助于缓冲瘤胃内的酸度，促进氮素循环利用，提高瘤胃微生物对饲料的消化利用率。

（5）剔除劣质青贮料：青贮饲料出现发霉、腐烂或者冰冻时，均应废弃，不能用于饲喂奶牛，防止饲喂后影响奶牛的产奶性能、繁殖性能和健康。

三、青贮饲料的取用方法

取用青贮饲料时，每日两次，上午、下午各一次，每次取用的厚度应不少于30 cm，以保证青贮饲料的新鲜品质，适口性也好，可将营养损失降到最低，达到饲喂青贮饲料的最佳效果。

取出的青贮饲料不能暴露在日光下，也不要散堆、散放，最好装袋或密封存放，放置在牛舍内阴凉处。每次取料后都要保证截面整齐，有条件时最好用取料机。

四、青贮饲料健康饲喂技术

用青贮饲料饲喂奶牛的过程中，应注意观察饲喂效果，如果发现奶牛有拉稀现象，应立即减量或停喂，检查青贮饲料中是否混进霉变的青贮饲料或是其他原因造成奶牛拉稀，待恢复正常后再继续饲喂。

每天要及时清理饲槽，尤其是死角，把已变质的青贮饲料清理干净后再饲喂新鲜的青贮饲料。

奶牛饲喂青贮饲料，要根据青贮饲料的质量状况、奶牛产奶量和膘情，及时增减精料的投放量。但精料的调整要循序渐进，不宜突然增减过多、过急。

开窖取料时，要做好青贮窖、青贮壕的管理，严防鼠害，避免把一些疫病传染给奶牛。

第二节　肉牛精准饲喂利用技术

一、青贮料的饲喂量

肉牛的青贮饲料饲喂量，受肉牛品种、青贮饲料种类和质量等因素影响，但主要应依据肉牛的体重来确定。成年肉牛可按照每100 kg体重饲喂青贮饲料1.0~1.5 kg来估算，育肥牛4~5 kg，架子牛4.0~4.5 kg，肉用母牛产后泌乳期5~7 kg，种公牛1.5~2.0 kg。

二、影响肉牛青贮饲料采食量的因素

肉牛对青贮饲料的干物质采食量，比青贮原料及同源干草都要低，这主要是由于青贮饲料的酸度、不良发酵和干物质含量等因素的影响。

青贮饲料的酸度比原料、干草等要高，因此降低了肉牛的青贮饲料采食量。优质玉米青贮饲料的pH为3.8~4.0，而瘤胃的pH为6.4~7.4，大量饲喂酸度大的玉米青贮饲料可能会降低瘤胃的pH，影响瘤胃内的微生物生长、繁殖和组成结构。但在适宜的饲喂范围内，青贮饲料可以降低瘤胃内甲烷的产气量，降低排泄物中碳的排出量，提高饲料的消化率。

青贮饲料制作过程中可能出现酪酸菌发酵，造成青贮饲料中的非乳酸物质含量提高，醋酸、总挥发性脂肪酸及氨的浓度提高，会显著降低肉牛青贮饲料的采食量。

青贮饲料的干物质含量低于干草，水分含量高，因此以干物质计算的采食量低，但优质青贮饲料适口性好，肉牛采食量增加。日粮中添加不同比例的青贮饲料对日粮营养物质利用率有影响，一般随着添加比例的提高，日粮干物质、有机物质和蛋白质的代谢率均会降低，建议添加比例为40%~60%。

三、青贮饲料的饲喂方法

饲喂肉牛的青贮饲料质量要好。青贮饲料开封后闻到酸香味，颜色呈青绿色或黄绿色，质地柔软、湿润，可视为优质青贮饲料。

青贮饲料是一种良好的多汁饲料，但是没有喂过青贮饲料的肉牛，开始饲喂时多数不爱吃，经过一个饲喂阶段适应后，都喜采食。具体方法是，在牛空腹时，先用少量青贮饲料与少量精饲料混合，充分搅拌后饲喂，使牛不挑食。经过1~2周不间断饲喂，一般都能很快习惯，然后再逐步增加饲喂量。饲喂青贮饲料最好不要间断，一方面防止窖内饲料腐烂变质，另一方面频繁变换饲料容易引起消化不良或生产不稳定。劣质的青贮饲料有害畜体健康，易造成流产，不能饲喂。

虽然青贮饲料营养丰富，但并不能满足肉牛的营养需要。因此，青贮饲料不能替代其他饲料，必须搭配一定数量的能量与蛋白质饲料、矿物质和优质青干草。青贮饲料作为肉牛的主要粗饲料，在搭配日粮中可以占日粮干物质的50%左右。寒冷季节，由于青贮饲料含水量较高，更应与干草或铡碎的干玉米秸搭配饲喂。青贮饲料含有大量有机酸，具有轻泻作用，因此母牛妊娠后期、产前和产后15天内不宜多喂或停喂。

应根据肉牛不同生长阶段、生理状态，合理确定青贮饲料的饲喂量，由少到多，循序渐进，限量使用，以免伤胃。尤其是初次饲喂时应少量添加，让其慢慢习惯。饲喂过程中，如发现牛有拉稀现象，应减量或停喂，待恢复正常后再继续饲喂。妊娠母牛禁止饲喂冰冻的青贮饲料，避免引起母牛流产。

四、青贮饲料取用技术

青贮饲料发酵成熟后方可取用，开窖取用时，如发现表层呈黑褐色并有腐败味，应把表层弃掉。直径较小的圆形窖，应由上到下取用，保持表面平整。长方形青贮窖，应自一端开始分段取用，先清理顶层的镇压物或覆土，然后揭开覆盖的薄膜，揭开部分要防雨雪落入，并尽量减少与空气的接触面，防止氧化腐败。每次用多少取多少，不能一次取大量青贮饲料堆在牛舍慢慢饲喂，要饲喂新鲜的青贮饲料。因为青贮饲料只有在厌氧条件下才能保持良好品质，如果堆在牛舍里和空气接触，就会产生二次发酵，被霉菌与杂菌污染，造成青贮饲料变质，尤其是在温度较高的春末和夏季，各种霉菌与杂菌繁殖快，青贮饲料霉变量会增加。

取用添加了尿素等非蛋白氮的青贮饲料时，要自上而下取出，混合均匀后饲喂，以防因尿素混合不均匀影响饲喂效果，甚至出现中毒等现象。

第三节　羊精准饲喂利用技术

在养羊生产中，科学饲喂青贮饲料具有节本增效的作用，特别是将青贮饲料、精饲料、矿维添加剂和其他粗饲料进行搭配饲喂，可有效提高羊的生产性能和饲料转化率。

一、青贮饲料的饲喂量

羊青贮饲料的饲喂量要根据性别、体重和生长发育阶段进行确定，一般按体重计算，成年公羊按照体重(kg)的1.5%~2%、母羊按照体重(kg)的2.5%~3%、育肥羊按照体重（kg）的4%～5%来计算青贮饲料的日饲喂量。

二、青贮饲料的饲喂方法

青贮饲料具有一定的酸味，初次用青贮饲料喂羊时，羊不爱吃或吃不习惯，要由少到多，逐渐增量，使羊采食有个适应的过程，也使羊瘤胃微生物有一个适应过程，一般渐进增量的时间是7～10天。另外，青贮饲料含有大量有机酸，有轻泻作用，如果每日饲喂量过大，会引起羊腹泻，影响生长发育和生产性能。饲喂过程中若发现有拉稀现象，应立即减量或停喂。患有胃肠炎的羊也要少喂或不喂，以防轻泻和酸中毒。怀孕后期的母羊尽量不喂或少喂，以免引起流产。

在养羊生产中，习惯将羊的饲料分为粗饲料、精饲料和添加剂饲料，粗饲料主要指各种秸秆、青贮饲料、干草等，精饲料是能量饲料和蛋白质饲料的总称，添加剂饲料是指在配合饲料中加入的各种微量元素成分。添加剂饲料虽然用量很小，但对调解羊体内代谢、提高饲料利用率具有十分重要的作用。不同种类的饲料营养特性各不相同，单一饲料不能满足羊的营养需要。为了提高羊的生产性能，需要饲料种类多样化，不仅要有粗饲料，如青贮饲料、粉碎的干秸秆和优质干草，也要有精饲料，如玉米、麸皮、豆粕、棉粕等能量饲料和蛋白质饲料。

青贮饲料是有效调制加工的粗饲料，有效解决了农作物秸秆质地粗硬、适口性差、营养价值低、消化利用率低等问题，有效保存了青绿饲料的营养成分，酸香可口、柔软多汁，提高了羊的采食量和消化率。因此，可以将青贮饲料作为基本饲料与其他饲料配合，组成青贮型全混合日粮喂羊，效果良好，效益显著，不但能保持饲料的相对稳定、满足不同生理时期羊的营养需要，而且能全面提高生产性能，有效防止一些营养性疾病的发生。羊全混合日粮的干物质采食量一般是体重的3%~5%，其中青贮饲料干物质的采食量为体重的1.5%~2%。

三、青贮饲料取用技术

青贮饲料一般在青贮30~40天后可开窖取用。开窖前，应先根据羊群数量和每只每天的饲喂量计算每天开窖所取的总量，然后清除青贮窖上面的覆土，防止土料混杂，浪费饲料。长方形青贮窖，取料时应从上到下垂直取用，逐段取用，不能总在一处往下掏，防止塌陷、破坏厌氧环境、扩大污染面以及引起二次发酵，降低青贮饲料的质量。做到现取现喂，喂多少取多少，使每天取出的青贮饲料都能当天喂完。为保证青贮饲料的质量，春季气温升高后，应把取出的上午不用的青贮饲料及时用塑料袋装好压实封紧，放在阴凉通风处保存，以便下午或晚上利用。

青贮饲料取出后要清理好周边,处理好水平面和横断面,防止透气和坍塌,造成青贮饲料变质和浪费。每次取料后立即用塑料薄膜把取料口封闭好,以免空气和雨水进入。当羊出栏,长时间不用青贮饲料时,要将青贮窖的窖顶、取用过的横断面以及边角等重新封严,以免时间过长引起青贮饲料第二次发酵、风吹、日晒和雨淋,造成局部变质霉烂,影响饲喂效果。

第四节　猪精准饲喂利用技术

一、青贮饲料养猪的优势

在生长旺季,可以将青贮原料制作成青贮饲料贮存起来,供冬季、春季缺青饲料的季节利用,保证养猪全年青绿饲料供应不断。青贮饲料柔软湿润,有乳酸香味,色泽鲜亮,营养丰富且适口性好,猪喜采食。

将适期收获的玉米全株制作成青贮饲料,不仅将籽粒饲料化利用,而且将秸秆、叶片、玉米芯和苞皮等全部利用,扩大了养猪饲料的来源和玉米营养体的利用率。

青贮饲料在青贮发酵过程中会产生乳酸,能杀死青贮原料中的病菌、虫卵等,从而降低有害微生物对猪的侵染，减少生猪疫病的发生。

二、青贮饲料的饲喂量

青贮饲料的饲喂量要根据猪的大小、性别和利用情况来确定，小猪少喂、大猪多喂，母猪多喂、公猪少喂，总体原则是不过量饲喂。一般推荐每天每头猪的青贮饲料饲喂量，2月龄以下的仔猪饲喂0.2～0.5 kg，2～3月龄的仔猪饲喂0.5～1.0 kg；生长育肥猪，3～6月龄饲喂1.0～1.5 kg，6月龄以上饲喂2～3 kg；成年母猪的饲喂量根据生产阶段来确定，妊娠母猪3～4 kg，哺乳母猪1.2～2.0 kg，空怀母猪2～4 kg；成年公猪，非配种期饲喂2.0～2.5 kg。母猪妊娠最后1个月青贮饲料饲喂量要减半，产前15天停止饲喂青贮饲料，产后15天开始再逐步增加青贮饲料的饲喂量，经过10～15天的过渡期，增至正常饲喂量。

三、青贮饲料的饲喂方法

青贮饲料养猪要根据生长发育阶段、生产类型精准饲喂，宜多喂则多喂，宜少喂则少喂。

哺乳仔猪以哺乳为主，一般不喂青贮饲料。配制精料时，要高能量、高蛋白质和低纤维含量的原料搭配，促使仔猪早认料、早开料，以提高仔猪的断奶重。

空怀期和妊娠前期的母猪，青贮饲料饲喂量宜多一些，一般再补喂少量精料就可以满足营养需要。妊娠后期和哺乳期的母猪要根据体况，减少青贮饲料的饲喂量，适当增加精料饲喂量。母猪日粮中粗蛋白质含量达到14%、粗纤维含量达到8%为宜，种公猪日粮中粗纤维含量达到7%为宜。

育肥猪各个生长阶段对青贮饲料的消化利用率差异较大，一般来说，小、中、大猪日粮中精料与青贮饲料的比例分别为1:1、1:2、1:3。育肥猪从出栏前30天开始，要适当降低日粮中青贮饲料的比例，同时提高精料的比例，以缩短育肥期、提高猪的日增重。在配制育肥猪日粮时，应使大猪日粮中粗纤维含量达到4%~7%，中猪日粮中粗纤维含量达到4%，小猪日粮中粗纤维含量达到2%~3%。

由于青贮饲料中的营养含量不能满足猪的营养需要，一般不使用单一的青贮饲料来养猪，而是将青贮饲料与精饲料、粗饲料等合理搭配，搅拌均匀后饲喂，以提高饲料的利用率。青贮饲料可以实现全年均衡供应，全年均衡饲喂，避免日粮组分变换，出现采食量下降和适口性不好等问题。育肥猪青贮饲料日粮参考配方：玉米64%，麸皮5%，豆粕22%，预混料4%，青贮饲料5%。

猪是杂食动物，采食和消化青贮饲料的能力要比牛羊低。因此,制作青贮饲料喂猪时,青贮原料要切碎或打浆,避免青贮饲料太长、太粗影响猪采食利用,造成浪费。

四、青贮饲料取用技术

青贮饲料喂猪主要是在冬春季节,因为这一阶段青绿饲料来源少,以满足猪对纤维素、维生素等营养的需要。利用青贮饲料养猪,要避免取用不当对养猪生产造成的影响。

青贮饲料经过30天左右发酵就可取用,开窖前应先清除封窖的覆土,以防与青贮饲料混杂。如果青贮窖是圆形窖,则从上面启封,一层一层向下取用,使青贮饲料始终保持在一个平面上,切忌由一处向下掏;如果是长方形青贮窖,则从一侧的横断面启封,分段开窖,从上到下分层取用,取后的横断面要保持平整,严禁掏洞取料,切勿全面打开,以防暴晒、雨淋和冻结。每次取出的青贮饲料数量以够一天饲喂为宜,猪每天吃多少就取多少,不要一次取料长期饲喂,以防饲料腐烂变质。青贮饲料取出后应及时用塑料布密封窖口,并清理青贮窖周围的废料。当停止取用青贮饲料时,须将青贮窖盖好封严,保证不透气、不漏水。

取用青贮饲料养猪时,应对青贮饲料的质量做出感官评价，防止取用变质的饲料。可根据气味、颜色和质地来评价青贮饲料的优劣，有乳酸香味、色泽黄绿、质地柔软而略显湿润的青贮饲料可取用饲喂；反之，如果青贮饲料出现臭味，呈黑色或褐色、墨绿色，且质地干燥、松散或黏结成块，就要废弃，不能取用。

第五节 鹅精准饲喂利用技术

鹅是食草性家禽，可以较好地利用饲料中的粗纤维。日粮中搭配饲草，可以更好地满足鹅生长发育和生产需要，青饲料、青贮饲料和粗饲料都可用于养鹅。

一、青贮饲料养鹅的优势

青贮是利用乳酸菌发酵，抑制各种杂菌繁殖，长时间有效保存原料营养价值和保证冬春季节饲草有效供给的一项新技术，可以最大限度地保存全株玉米中的营养物质，在青贮过程中全株玉米营养成分损失只有3%~10%。在冬春季节，用全株玉米青贮饲料养鹅，鹅可以获得丰富的营养物质，如蛋白质、维生素等，满足鹅的生长与繁殖需要，提高生产性能，显著降低生产成本。

青贮饲料养鹅可以有效解决青绿饲料全年不能均衡供应的问题，满足鹅对粗纤维和其他营养物质的需要，并有效解决鹅群存在的啄癖问题,大大降低生产成本。

日粮中添加适宜比例的青贮饲料,可以提高鹅的蛋白质消化利用率,氮的沉积量增加、净蛋白利用率和氨基酸表观消化率提高,氨态氮浓度降低。

青贮饲料养鹅,可以降低有害微生物的水平,增加有益微生物的水平。饲喂青贮饲料的鹅粪便中,有益微生物如双歧杆菌、乳酸杆菌等的数量随青贮饲料添加水平的升高而增多,有害微生物如大肠杆菌的数量总体呈下降趋势。

二、青贮饲料的饲喂量

青贮饲料养鹅,饲喂量应根据鹅的大小和粗纤维消化能力来确定。青贮饲料应按一定比例搭配制作日粮,一般雏鹅的用量不超过饲料总量的30%(按干物质计算),青年鹅和种鹅的使用量可占饲料总量的40%~50%(按干物质计算)。具体用量:30~70日龄育肥鹅,每天每只50~500 g,逐渐增加;成年鹅每天每只600~800 g。

雏鹅精养,后期添加青贮饲料。出壳1天后的雏鹅,要用切碎的鲜嫩菜叶进行诱食,多数雏鹅争食即可开食。开食后,先调教饮水,再将草叶分次匀撒到塑料布上,任其采食,以后每隔2 h左右喂一次。经1.5~2.0天,能吃到7成饱后,再适量撒喂粉碎的饲料。从第三天起,改用料槽饲喂，日喂4~5次，每日最后一次饲喂在晚上10时左右进行。6~10日龄雏鹅，每日饲喂6~8次，其中晚间饲喂2次，日粮中精饲料占20%~30%、青贮饲料占70%~80%；11~20日龄雏鹅，每日喂6次，晚间饲喂2次，有放牧草地的，白天可适当进行放牧；21~30日龄雏鹅，日粮中可适当添加青贮饲料，青贮饲料在日粮中的比例以30%~40%为宜，日喂3~4次，有放牧条件的可延长放牧时间，并相应减少青贮饲料的饲喂量。雏鹅每次的喂料量均以吃九成饱为准，同时尽量让雏鹅饮水，以促进生长。整个育雏期间要经常检查育雏温度，如发现雏鹅打堆应及时哄散，并保持育雏舍通风、地面干燥。

中鹅粗养，提高日粮中青贮饲料的比例。鹅从30日龄至长出主翼羽阶段为中鹅，这一阶段是鹅生长发育较快的阶段，肌肉、骨骼和羽毛均处于旺盛生长阶段，对粗饲料的利用能力显著增强。中鹅饲喂可以一日三次，也可以根据中鹅采食主要集中在早晨和傍晚的特点，每日两次。青贮饲料在日粮中的比例可以达50%~60%，每只鹅每日青贮饲料饲喂量0.5~0.7 kg。

成鹅速养，青贮饲料减量。鹅主翼羽长出后便进入成鹅阶段，如果是饲养肉鹅，就要开始催肥速养。在催肥期，鹅日粮饲料种类要多样化，精饲料主要是提高玉米、糠麸、小麦等能量饲料以及豆粕、花生粕、棉粕等蛋白质饲料的比例，精饲料参考配方为：玉米55%、米糠15%、麦麸17%、豆粕6%、棉粕3.7%、骨粉1%、多维、矿物添加剂1%和食盐0.3%。粗饲料主要以青贮饲料为主，日粮中青贮饲料的比例为30%~35%。精饲料和青贮饲料按比例搭配，搅拌混合均匀，日喂4~5次，其中晚间饲喂一次，自由采食，并供足饮水。一般经25~30天催肥，手摸胸肌丰满、背部脂肪增厚，即可上市出售或宰杀。

三、青贮饲料的饲喂方法

初次饲喂青贮饲料，有些鹅不习惯采食。除搭配饲喂外，饲喂量要由少到多逐渐增加。尽量不用质量低劣的青贮饲料喂鹅，冬季结冰的青贮饲料也不能喂鹅，以免造成鹅胃肠功能紊乱。

有的青贮饲料在青贮时只对原料铡短且长度较长，在取用喂鹅前，可使用专用揉丝机对青贮饲料再次进行揉搓加工，满足鹅喜食细条状饲料的需要，避免青贮饲料过长、过粗影响采食和造成浪费。已经揉搓和切碎处理的青贮饲料可以直接取用。酸度较高的青贮饲料，为防止鹅采食后体内酸碱不平衡而引起中毒，在饲喂前可在过酸的青贮饲料中加入适量小苏打进行酸度调节，用量为青贮饲料重量的1%~2%。

青贮饲料只能提供鹅生长和繁殖所需要的部分营养，

还需要搭配粗饲料、精饲料，最好制作成全混合日粮进行饲喂，以提高饲料利用率。

四、青贮饲料取用技术

青贮原料经过40~50天密封发酵即可取用饲喂。取用前先对青贮饲料进行品质鉴定，优质的青贮饲料呈黄绿色，具有较浓的芳香酸味，气味柔和、不刺鼻；中等品质的青贮饲料呈黄褐色或墨绿色，稍有酒味和醋味；品质低劣的青贮饲料呈黑色或褐色，酸味弱，带有刺鼻臭味或霉烂味。养鹅要选用中等以上的青贮饲料，饲喂种鹅则选用优质的青贮饲料。

取用青贮饲料时，要从青贮窖的一端开始，按一定的厚度从表面一层一层地往下取，减少青贮饲料与空气的接触面，不能挖洞掏取。如果青贮窖顶层用泥土覆盖，则开窖前要先清除覆土，以免混入泥土、杂物。青贮饲料要随喂随取，根据鹅群数量取用一天的饲喂量为宜，切忌一次取出太多，造成饲料浪费。每次取料后及时密封青贮窖窖口，以防青贮饲料长期暴露在空气中造成变质。取用袋装或裹包制作的青贮饲料时，根据青贮袋容量、裹包大小和每日饲喂的青贮饲料数量确定取用的袋数或裹包数量。当天使用不完的用塑料薄膜包紧，第二天继续使用。